渭河流域水资源空间变异特征研究

严宝文 李 扬 冯小庆 方 立 著

黄河水利出版社

·郑州·

内 容 提 要

本书从 GIS 和分形理论在水资源研究中的进展分析入手,研究了渭河干支流各主要水文站的旬、月和年径流过程的分形特征,建立了径流过程分维数与流域生态环境状况之间的定量关系。分时段对渭河关中段中部选取典型井进行了地下水质和水位空间变异特征的研讨。主要包括:国内外研究历史与现状、渭河流域径流过程分形特征研究、渭河关中段地下水质空间分异特征、渭河关中段地下水位动态及其分形特征研究。

本书适合水文与水资源工程、环境工程、农业水土工程等领域的科技工作者参考使用,也可作为高等院校相关专业本科生和研究生的教学参考书。

图书在版编目(CIP)数据

渭河流域水资源空间变异特征研究/严宝文等著. —郑州:黄河水利出版社,2011.12

ISBN 978 - 7 - 5509 - 0152 - 0

Ⅰ.①渭… Ⅱ.①严… Ⅲ.①渭河 – 流域 – 水资源 – 空间 – 变异 – 研究 Ⅳ.①TV213.4

中国版本图书馆 CIP 数据核字(2011)第 249205 号

策划编辑:李洪良   电话:0371-66024331   邮箱:hongliang0013@163.com

出 版 社:黄河水利出版社
地址:河南省郑州市顺河路黄委会综合楼14层   邮政编码:450003
发行单位:黄河水利出版社
发行部电话:0371 – 66026940、66020550、66028024、66022620(传真)
E - mail:hhslcbs@126.com
承印单位:河南地质彩色印刷厂
开本:787 mm × 1092 mm   1/16
印张:9.5
字数:175 千字   印数:1— 1 000
版次:2011 年 12 月第 1 版   印次:2011 年 12 月第 1 次印刷

定价:35.00 元

前　言

　　水资源是指与人类社会用水密切相关而又能不断更新的淡水,包括地表水、地下水和土壤水。受特殊地理位置的制约,我国水资源地区分布极不均匀,水资源分布与土地资源和生产力布局不相匹配,加之气候变化和人类活动对下垫面条件的影响,近年来我国水资源情势发生了显著变化,大部分地区水资源量明显减少,而地表水资源的污染问题多年来难以解决。同时受到现有工程调蓄能力、供水保障程度的限制,水资源供需矛盾日益严重。为了维持经济社会的发展,又不得不大量开采地下水,导致地下水开采量亦呈持续增长趋势。

　　水资源系统是一个复杂的系统,地表水和地下水两种水资源形式以及它们的构成要素的时空变化具有高度的非线性特点。以 GIS 为技术平台,运用分形理论对水资源系统演化的非线性规律进行研究,可从复杂的水资源系统运动中发现其内在的、有序的、确定性的规律,更全面地揭示水资源动力系统的复杂运动特征。

　　渭河流域具有悠久的古代文明,是中华民族文明历史的摇篮,也是我国最早利用和改造水资源体系的地区,其水资源时空分布特征及其空间变异特点直接关系到该区域人民生活质量的高低和流域内社会、经济的可持续发展。因此,运用新的理论与方法对该流域的地表水和地下水资源要素的空间分异特征展开研究,是具有理论与实践双重意义的重要课题。

　　本书在综合分析了 GIS 和分形理论在水资源空间变异特征研究中的研究进展之后,着眼于渭河流域生态环境状况的改善与生态环境建设的需要,以径流序列的分形研究为依据,运用 GIS 中的分维数计算工具 Hawth's Analysis Tools,对渭河干流和两岸主要支流年、月、旬不同时段径流过程分维数的计算研究,建立径流过程分维数与流域生态环境状况的关系,获得评判研究区域生态环境状况的分形学量化指标。

　　本书选取宝鸡峡灌区咸阳段五个县（区）作为研究对象，使用 ArcGIS 9.2 软件对研究区监测井地下水水质进行空间分析，获得主要指标分类等级的一系列图表成果，直观地表达了研究区水质指标在几年间的变化；综合运用 ArcGIS 9.2 软件和分形理论求取研究区不同年段逐旬地下水位过程线的分维数和同期降水量分维数，对研究区内若干典型观测井的地下水位过程线及其分维数的变化规律进行研究，分析了研究区地下水位动态的分形特征和空间分异特征，同时探讨了降水量分形特征与地下水位分形特征的关系。

　　在以上研究的基础上，本书还针对性地提出了若干流域生态环境保护和水资源保护的措施建议。

　　本书得到了陕西省自然科学基础研究基金项目（2005D06）、西北农林科技大学 2009 年度基础科研费项目基金（QN2009090）和西北农林科技大学 2009 年度留学回国人员科研启动费项目（Z111020905）的支持和资助。

　　作者十分感谢西北农林科技大学水利与建筑工程学院水资源与环境工程系全体教师的大力支持和帮助，非常感谢西北农林科技大学水利与建筑工程学院宋松柏教授、王双银副教授给予的关心。在研究过程中，他们在本书研究内容和方法方面提出了许多宝贵意见和建议。感谢黄河水利出版社的同仁为本书出版付出的辛勤劳动。书中参考了我国有关单位和个人的研究成果和文献，均在参考文献中列出，在此一并致谢。

　　本书由西北农林科技大学严宝文教授、李扬博士、冯小庆硕士负责编写，黄河水利委员会水文局方立工程师参与了部分研究和编写工作，严宝文负责整汇与最后统稿。由于本书研究属水资源与水环境研究的综合性科学问题，研究的理论范畴和时间的跨度都较大，其中许多问题仍在研究和探索阶段，加之作者水平有限，虽经多次修改，但难免有很多不足和缺陷，敬请读者不吝赐教，作者不胜感激。

作　者

2011 年 8 月

目　录

第 1 章　综　述

1.1　研究背景

1.1.1　非线性科学的发展

　　20 世纪 70 年代以来,以混沌、分形及孤子理论为主体的非线性科学的问世,引发了对复杂性问题的研究,使人们逐渐认识到非线性因素是这种复杂性问题的集中表现。通过单一的一维非线性映射,发现倍周期分叉现象的普适常数和时间演化中趋向混沌并出现奇异吸引子等非线性问题的共同特点。由此启发人们突破不同学科的局限性,研究不同学科存在的非线性问题的共性,从而形成了综合性、交叉性相结合的前沿学科——非线性科学,被誉为 20 世纪自然科学的“第三次革命”(陈予恕,1992;刘式达和刘式适,1989;魏诺,2004)。科学家们认为:非线性科学的研究不仅具有重大的科学意义,而且具有广泛的应用前景,它几乎涉及自然科学和社会科学的各个领域,并正在改变人们对于现实世界的传统看法。在非线性科学的研究中,已涉及对确定性与随机性、有序与无序、偶然性与必然性、量变与质变、整体与局部等范畴和概念的重新认识,它将深刻地影响人类的思维方式。非线性理论及其应用是当今世界范围内的一个极富挑战性的研究课题,具有广阔的应用前景。

　　作为非线性科学研究的前沿,分形理论从 20 世纪 70 年代中期由 Mandelbrot 创立以来,在许多领域得到了广泛应用(冯平和冯炎,1993;李后强和艾南山,1992)。世界在本质上是非线性的,而分形是非线性特征的几何表现,因此分形性是大自然的一种基本属性。分形理论承认世界的局部可能在一定的条件、过程的某一方面(形态、结构、功能、信息、时间、能量等)表现出与整体相似的特征,它承认空间维数的变化可以是离散的整数也可以是连续的分数,因而扩展了人们的视野。

1.1.2　水文现象的分形特性

　　水文现象随时间而变化,一般称为水文过程。大量实测资料表明,实际的水文过程既受到确定因素的作用,又受到随机因素的作用(丁晶和侯玉,1988),是非常错综复杂的非线性过程。但是不管水文过程如何复杂,一般地说,与其他自然现象一样,表现在水文现象上面总具有它的非线性、随机性和确定性、相似性(方崇惠和雏文生,2005;金保明,2008)。

水文过程具有随机性和非线性,主要是受到水文过程形成和演变过程中的许许多多随机因素的影响,如径流(流量)过程的形成和演变中,受到降水量的大小、时间及空间分布的随机性影响,受到下垫面的地形、地势、地质、植被、湖泊、土壤及其含水量等众多随机因素影响。因此,随机的径流(流量)过程表现出非线性的分形理论特征(陈腊娇和冯利华,2006)。

与此同时,水文过程又受确定性因素的影响,突出表现在过程中年、季节甚至日等周期性变化。如日、旬、月径流(流量)过程明显存在以年为周期的变化。这是由于影响水文过程的主要因素——气候因素存在以年为周期的季节变化,这种水文过程局部(年际间)与整体(长系列)的关系对分形理论来说,即称为水文过程年际间的自相似性。

因此,日、旬、月径流过程年内分布等水文现象具有确定性与相似性、随机性与非线性,与分形理论研究的对象一致,可应用分形理论研究。

1.1.3　地下水资源开发面临的问题

地下水资源是水资源的重要组成部分,是构成并影响生态环境的重要因素,在经济社会可持续发展中具有重要地位。地下水具有水质好、分布广、供水延续时间长等优点,相比地表水来说往往是更为可贵的供水水源,尤其在干旱、半干旱地区,是主要甚至唯一的可用水源。在世界各国供水量中,地下水占很大比例,如丹麦、利比亚、沙特阿拉伯与马耳他等国均占 100% ,圭亚那、比利时和塞浦路斯等国占 80% ~90% ,德国、荷兰与以色列占 67% ~75% ,苏联占 24% ,美国占 20% 。美国 1/3 的水浇地依赖地下水灌溉。苏联地下水开采量达 700 m^3/s ,其中 1/3 用于城市供水,1/3 用于农田灌溉(朱济成,2007)。

据勘察,目前我国地下水资源的总量达 8 700 亿 m^3/a ,占全国平均水资源总量(28 000 亿 m^3/a)的 31% 左右,其中能够直接开发利用的每年约 2 900 亿 m^3 。我国南方和北方地区的地下水资源分布不平衡,北方 15 个省(市、区)和苏北、皖北地区的地下水资源量约有 3 000 亿 m^3/a ,约占北方水资源总量的一半;南方各省(市、区)的地下水资源量约有 5 000 多亿 m^3/a (朱济成,2007)。我国地下水资源的分布同地表水一样,都呈现南多北少的特点。

在我国,地下水对居民生活、工农业生产和城乡建设起着重要的作用。在北方大多数河流干涸的地区和南方远离河流的地区,都依赖地下水作为主要的水源。对我国 181 座大中型城市的统计显示,采用地下水供水的城市有 60 多座,占 1/3 以上;采用地下水与地表水联合供水的城市有 40 多座,占 1/5 以上。特别是在地表水缺乏的北方地区,地下水对于解决城市供水的作用更为重要,如华北地区 27 个主要城市的地下水开采量占城市总用水量的 87%。目前,北京、沈阳、西安、大连等城市地下水的日开采量均达到了 100 万 m^3 以上。据统计,现在我国城市和工业地下水使用量已超过 150 亿 m^3/a,约占全国地下水年开采总量的 20% 以上。在地面水源不足、降雨较少的干旱地区,开发利用地下水已成为水利建设的一个重要方面,是农业生产上抗旱保丰收的必要手段。北方 17 个省(市、区)目前已有农业机井 200 多万眼,每年开采地下水超过 400 亿 m^3,占全国地下水年开采总量的 50% 以上,灌溉农田面积为 1.7 亿亩❶以上(朱济成,2007)。

20 世纪 80 年代以来,我国地下水资源开发利用规模迅速扩大。目前,全国地下水年供水量为 1 039 亿 m^3,占总供水量的 18.4%,全国 661 个城市有 400 多个将地下水作为重要供水水源(高而坤,2007)。然而,我国地下水资源主要分布在长江以南的南方地区,由于干旱和地表水资源相对缺乏,地下水资源量仅占我国地下水资源总量的 1/3 的北方地区,却是我国地下水开采量最大的地区。特别是西北地区,超采地下水现象分布广、程度深,情况十分严重。

地下水大规模过量开发和保护滞后带来了两个突出问题,即地下水水位的持续下降和地下水污染的日趋加剧。

长期超采导致的地下水位大幅度下降,会导致泉水断流、水源枯竭,甚至造成地裂缝,以及土壤盐渍化、湿地消失、植被退化、土地沙化等环境问题,对城市基础设施构成严重威胁,在干旱少雨的西北地区,生态环境因此愈加恶劣。目前,全国地下水超采区已从 20 世纪 80 年代初的 56 个发展到 164 个,超采面积从 8.7 万 km^2 扩展到 18 万 km^2,年超采地下水 117 亿 m^3,深层地下水超采 43 亿 m^3。地下水超采造成水位持续下降,形成大面积降落漏斗。长江三角洲平原区、环渤海、河北平原、东南沿海平原、河谷平原和山间盆地因超采地下水发生了不同程度的地面沉降,全国地面沉降面积已超过 6 万 km^2,损失巨大。地下水超采还加剧了土地沙化和荒漠化趋势,引发了沿海地区的海水入侵。

同时,全国平原区浅层地下水中约有 26% 的面积受到不同程度的人为污染,面积约达 51 万 km^2,其中Ⅳ类污染区占 13.4%,Ⅴ类污染区占 12.7%,太湖流域、辽河、淮河、海河区污染最为严重。1998~2006 年,全国 2/3 城市地下水水质普遍下降,300 多个城市由于地下水污染造成供水紧张(国土资源部,2008),危及人民群众的饮水安全和身体健康。

由此可见,随着人类对地下水资源掠夺式的开采利用和保护滞后导致的地

❶1 亩 = 1/15 $hm^2 \approx 666.67$ m^2。

面沉降、地下水水质恶化等现象日趋严重,而地下水的空间分布形态和变化规律受人为影响也越来越大。因此,加强对地下水的重要性和保护地下水的必要性的认识,并在目前地下水的人为影响不断增加的情形下,进一步掌握地下水时间和空间上的分布特征及其变化规律,了解其水质变化情况,对于今后合理开采地下水、保护地下水资源及地下水的优化配置管理有着重要的意义。

1.2　研究意义和目的

1.2.1　研究意义

　　水文系统是一个复杂的系统,水文要素的时空变化具有高度的非线性特点。一方面,它是地球大气圈环境内相互作用和依赖的若干水文要素组成的具有水文循环与演化功能的整体;另一方面,它又受地球及宇宙自然力的作用及来自人类的不同程度的生产活动的影响,从而形成了水文系统复杂的演化规律(刘昌明,1997)。根据水文要素变化的非线性特点,引进新的分析途径是十分必要的。

　　传统的确定性方法或随机性方法都有一定的局限性。而非线性科学和水文科学的结合,则产生了一个新的研究领域。运用分形理论对水文系统演化的非线性规律研究,可从复杂水文系统运动中发现其内在的、有序的、确定性规律,更全面地揭示水文动力系统的复杂运动特征。由于该方面的研究尚处于初级阶段,认识还不够深入,需要研究和解决的问题很多。因此,开展非线性理论及其应用的研究,从分形角度去认识水文系统的演变规律,对于丰富水文学研究的内容、推动水文科学的发展具有重要的现实意义和科学价值。

　　随着现代科学技术的不断进步,水文预测的理论和方法得到了很大的发展,而随着非线性科学的发展,人们对时间序列的复杂性有了新的认识和借助手段,试图用分形理论来揭示径流的预测规律,也是水文预测发展的方向。这将为流域水资源的可持续利用和合理调配提供科技支持,必将对水资源系统的经济、高效、安全运行提供决策支持,使其产生巨大的经济、社会效益和生态环境效益。

　　分形理论主要研究自然界的不规则现象及其内在规律,为描述复杂几何形体指明了方向。它把传统的确定论思想与随机论思想结合在一起,使人们对于诸如布朗(Brown)运动、湍流(Turbulence)等大自然中的众多复杂现象有了更加深刻的认识,并且在材料科学、计算机图形学、动力学等多个学科领域中被广泛应用,称为非线性科学研究的一个十分重要的分支。分形一般指整体的组成部分与整体以某种方式相似的形态,其理论的精髓就是自相似性。这种自相似性不局限于几何形态的相似而具有更广泛的深刻的含义。它的局部与整体在多方面具有统计意义的相似性。衡量自相似性的定量参数就是分维数,即其自由度。分形主要从探索部分出发来确定整体的性质,就是一种对自然界从部分到整体的一种认识。在水文中存在很多的自相似性,例如流域水系是一种分枝形态,大流域和小流域的水系在一定程度上存在着自相似性,因此水系就可以是一种分形,这是流域几何形态方面特征要素的分形。就时间而言,水位、流量、含沙量过程线在一定范围内具有分形特性,水文过程线是随时间变化的、连续的过程线,其复杂性在统计意义上来说,整体的复杂性是由于部分的复杂所体现、反映的。因此,可以通过分形理论来分析水文过程的复杂性,并用分维数对其过程线的复杂程度进行定量的描述。

径流过程的变化特性是水文分析的重点之一。径流过程是一种复杂的水文现象,表现出强烈的非线性特征,要完整而准确地描述这样一种复杂的非线性过程,传统的欧氏几何显得力不从心。目前评价流量过程线时大多仅采用过程线的一些特征值(如峰、总量、平均值)来评价,无法对这些过程线全局或局部作连续的、全面的评价,即缺乏真正意义上的“过程”概念。近年来的研究表明,日径流、多日径流以及年径流序列在一定的时间尺度上呈现自相似性,具有明显的分形特征。而任何一个流域中,日径流和多日径流以及年径流序列存在着各种不同的周期,由于这些周期反映的均是气候和地形植被状况的影响,具有相同或相似的成因,因此各种不同的周期之间应当具有某种相似性联系,即符合分形理论提出的分形基本特征——自相似性和自仿射性。因此,分形可以从新的角度认识径流过程的变化特性,如再结合过程线的峰、总量等指标特征,对径流过程线的评价会更加全面、科学。

分维数可以反映径流过程线的复杂程度,根据森林水文学研究成果,森林覆盖率对河川径流有很大的调节作用,森林植被能够涵养水源,减少洪水流量,增加枯水期流量(王礼先和张志强,2001)。植被覆盖率高,对径流的调节作用增强,使径流过程线趋于平缓,变得简单,径流过程的分维数将变小,而植被覆盖率的大小又是一个地区生态环境优劣的重要指标。一般来说,植被覆盖率高,生态环境优良,反之生态系统脆弱(余姝萍等,2005)。此外,地表岩性、地面坡度等要素也决定着生态系统的结构并且对区域径流过程产生直接的影响。由此可见,径流分维数是区域生态环境的综合结果,一定程度上可以表征一个地区的生态系统状态。

渭河流域具有悠久的古代文明,渭河在陕西境内塑造和滋养的关中平原,是中华民族文明历史的摇篮,其生态环境的好坏直接关系到该区域人民生活质量的高低,也严重影响着流域内社会、经济的可持续发展。长期以来,该地区生态环境趋于恶化,流域径流过程也日趋复杂,如何将该区域径流分维数与生态环境联系起来,建立两者的定性定量关系,是生态水文学研究的一个方向。

　　而咸阳市位于渭河流域的关中腹地,地形以川原阶地为主,土地肥沃,有悠久的灌溉历史,属于暖温带大陆性季风气候,年平均降水量为 567.9 mm,年降水总量为 58.6 亿 m^3,既低于全国平均水平,也低于全省平均水平。咸阳市降水的年内时空分布不均,降水集中在夏秋(初)两季,冬季、春季以及秋末干旱少雨,每年 12 月至次年 3 月降水量很少,仅占到全年降水量的 14% ~ 20%,农业用水要求很难得到满足;同时,咸阳市降水年际变化显著,旱涝交替和连续干旱等灾害时有发生,对农作物的生长极为不利。

　　渭河干流流经研究区南部,河流侧向补给渭河沿岸附近的地下水,但是范围较小。关中地区潜水补给主要来源于降水入渗,其次是灌溉垂直入渗补给和少量河流侧向补给;承压水的补给来源则只有河流侧向补给及依靠上部潜水越流下渗。按研究区的情况来看,降水入渗补给几乎是唯一的地下水补给来源,而根据咸阳市的降水量实际情况,其年降水量既低于全国平均水平,也低于全省平均水平,而且年内分布不均,年际变化大,对于农业用水的要求很难满足,更难以满足工业生产和人民生活用水的需要。因此,咸阳市成为了全省唯一的工业、生活全部依赖地下水的城市。

　　但是,在降水量本身都很难满足研究区用水需求的情况下,补给地下水的量更是少之又少,加上长期过度开采地下水,已经导致研究区地下水位 20 年来持续下降,尤以咸阳市区为甚,目前已经形成了 4 个大型降落漏斗区,面积总计 52.37 km^2。

　　随着研究区工农业生产的发展和人民生活水平的提高,需水量逐年递增,地下水过度开采的情况还在继续,降落漏斗还在持续扩大,由此引发的水质恶化、地面沉降、地裂缝、建筑裂缝等环境地质问题依然不断加剧。

　　因此,为了缓解研究区地下水水位不断下降的现状,也为了改善其地下水水质因超采而不断恶化的情况,揭示研究区地下水的时空变异规律,了解其分布状况并分析其水质变化,是实现研究区地下水资源可持续利用和区域可持续发展的前提。但到目前为止,国内有关地下水时空变异特征的研究还比较薄弱,大多集中在地下水水质方面,采用分形理论和地理信息系统对地下水水位时空变异的研究还不多见,研究也不够全面和深入。

　　针对此类问题,本研究选取宝鸡峡灌区咸阳段五个县(区)作为研究对象,利用 ArcGIS 9.2 软件和分形理论求取不同年段逐旬地下水位过程线的分维数,对研究区内若干典型观测井的地下水位过程线及其分维数的变化规律进行研究,分析了研究区地下水水位动态的分形特征和空间分异特征;同时还计算了研究区同期降水量的分维数,分析了降水量分形特征与地下水水位分形特征的关系;此外,还使用 ArcGIS 9.2 软件对研究区监测井水质进行空间分析,获得主要指标分类等级的一系列图表,直观地表达了研究区水质指标在几年间的变化。

水质时空分异特征的研究对于探寻地下水污染的来源以及判别污染程度有直接的意义;水位动态的时空分异特征研究对于全面把握地下水资源变化及其自然、人为影响,构建地下水实时监测体系有直接的促进作用。本研究深化了分形理论和 GIS 方法在地下水时空变异特征研究方面的应用,将 GIS 方法用于地下水水质指标的等级划分,形象直观,且有精确的地理坐标支持,对于每一个具体的点,数据的积累和对比都是准确的,若未来研究需要与目前研究成果进行对比,可以避免偏差较大的问题。这样,就可以使分析结果不受不同等级标准的制约,客观准确地反映研究区水质指标的分布状况;此外,本研究采用描述无序自然现象规律性的分形理论,并结合空间分析功能强大的 ArcGIS 9.2 软件,分析研究区地下水位及其分维数的变化规律,并进行面上分布的可视化表达,同时分析研究区降水量的分形特征并研究其对地下水位分维数的影响程度,研究成果对有效提高成果的科学性和普遍适用性能够产生积极作用,同时,研究方法的应用方式和研究结论也可以为研究区的地下水管理及污染治理提供更为科学、准确的依据,从而达到控制研究区地下水超采现象、防止降落漏斗进一步扩大和水质继续恶化的目的。

1.2.2 研究目的

着眼于渭河流域生态环境状况的改善与生态环境建设的需要,以径流序列的分形研究为依据,通过运用 GIS 工具,对渭河干流和主要支流不同旬、月份和不同时段径流过程分维数的分析研究,建立径流过程分维数与流域生态环境状况的关系,获得评判研究区域生态环境状况的分形学量化指标,为流域生态环境建设方案设计奠定基础。

同时,针对国内外采用分形理论、地统计学理论和 GIS 结合方法研究地下水位的实例较为少见的情况,本研究结合分形理论和 ArcGIS 软件对地下水水位变动的时空分布及其分形特征进行了进一步探讨,以期更加准确直观地描述地下水水位变动的空间分异特征,为研究区地下水资源的评价和优化配置提供有效依据。

1.3 研究内容与方法

1.3.1 研究内容

1.3.1.1 渭河径流过程分形特征及其与生态环境状况的关系

本书通过计算渭河流域 9 个水文站(包括林家村、魏家堡、华县、秦安、张家山、淑头、黑峪口、马渡王、罗敷堡)年、月、旬径流分维数,分析相应水文站旬、月径流序列分形特征关系,探寻渭河流域径流分形特征与流域生态环境状况之间的关系,并将分维数引入径流预测模型,达到通过上游支流站径流资料预测下游干流站径流的目的,以实现基于分形理论的年径流预测,为水资源优化配置及生态环境建设奠定基础。

研究的主要内容包括:

(1)各水文站年、月、旬径流分维数计算。选取渭河干流林家村、魏家堡、华县,北岸支流秦安、张家山、淑头,南山支流黑峪口、马渡王、罗敷堡为研究对象,以 ArcGIS 9.2 为研究平台,根据各站径流资料,计算其年、月、旬径流分维数,并对相关数据进行分析。

(2)径流分维数与区域生态环境之间的关系研究。计算华县站 1971~1980年、1981~1990 年、1991~1999 年三个典型时段的月径流过程分维数,以此代表渭河流域相应时段分形特征。

研究流域年径流分维数与其上游区域森林覆盖率、植被覆盖率及林草地、耕地总面积占流域面积百分比之间的关系,以探寻流域径流序列分维数与生态环境状况的关系。

1.3.1.2 典型区地下水空间分异特征研究

(1)地下水特征参数与 ArcGIS 软件的技术嵌合研究。即研究如何将地下水监测井的相关要素(如测井位置、高程等)和地下水特征参数(如地下水水位、水质指标值、分维数等)导入 ArcGIS 中,并创建图层及各种分类地图,使研究成果直观精确地描述研究区地下水空间分布特征。

(2)研究区地下水质空间变异特征研究。通过对研究区水质监测井的各项水质指标值在 ArcGIS 软件中进行 IDW 插值分析,对比不同年份地下水化学成分的变化,分析其空间变异特征;将水质分布与国家标准对照,简要评价研究区地下水质等级。

(3)研究区地下水水位空间变异特征研究。通过对研究区典型监测井水位的分析得出不同年段研究区地下水水位的变动特征;使用 ArcGIS 软件与AutoCAD结合求取研究区地下水水位分维数及各分区降水量分维数,分析地下水水位的空间变异特征和分形特征。

1.3.2 研究方法

1.3.2.1 分形理论

分形维数是分形理论中对非规则、破碎的分形(刘式达和刘式适,1995;张济忠,1995;Mandelbrot,1977)客体进行定量刻画的重要参数,是传统欧氏几何维数的推广,它表征了分形体的复杂程度。在分形的应用中,分形维数是一个统称,有很多的定义方式,如 Hausdorff 维数、盒维数、相似维数、信息维数、关联维数等,但迄今还没有出现适合所有事物的维数定义。就某一种分形维数的定义而言,它对有些对象是适用的,对另一些对象则可能不适用,例如 Hausdorff 维数是分形几何的理论推导,但只有一小类规则的具有严格自相似性的分形(纯数学分形)才具有 Hausdorff 维数,对实际应用中的很多分形而言,Hausdorff 维数和相似维数都是难以计算的,所以要区别对待,物适其用。日径流过程的分形往往表现出某种随机性和尺度性,即仅在特定的尺度范围内从统计的角度上表现出分形特征。

分维数说明了径流量在时间上分布的不规则性及其随时间变化的复杂程度。由于对径流过程性质研究的着眼点不同,计算其分形维数有多种方法。

第一种方法是计算流量过程线的分形维数,通过计算流量过程线的分形维数来间接地反映径流过程的分形特征,实际上它刻画了流量过程线变化的复杂程度,一般地都是采用盒子数法来计算分形维数(丁晶和刘国东,1999)。

第二种方法是 C – P 算法(Crassberger. P 和 Procaccea. I,1983),它着眼于径流过程的混沌特征,对一个混沌过程其相空间的吸引子为一分形,通过计算吸引子的分形维数来反映径流过程动力行为的分形特征(傅军等,1995)。

第三种办法是研究径流过程的频谱特征,其能谱与频率之间存在负幂律关系,通过幂律指数与分形维数的关系计算其分形维数(李贤彬,1999)。

此外还包括赫斯特系数法、自相关系数法等都是着眼于径流过程性质的不同侧面而提出的计算方法。

研究表明,盒维数能较好地揭示径流过程变化的复杂程度,适用于径流过程分形特征的描述。丁晶等学者(1999)也认为,在流量过程分维计算中,计盒法为最好。所以该文采用盒维数来计算径流过程的分形。

盒维数是针对连续模型提出的,是一个具有广泛应用的维数,其数学定义如下:

设集合 $A \subset E^n$,E^n 为 n 维欧式空间,$N(\delta, A)$ 表示覆盖集合 A 所需的直径最大为 δ 的集合的最少数目,得到盒维数 $D_B(A)$ 定义为:

$$D_B(A) = - \lim_{\delta \to 0} \frac{\ln N(\delta, A)}{\ln \delta} \tag{1-1}$$

1.3.2.2 地理信息系统方法

地理信息系统即 GIS(Geographic Information System)系统,是一门综合性学科,已广泛应用于不同领域。地理信息系统是用于输入、存储、查询、分析和显示地理数据的计算机系统,可以分为以下五部分:

（1）人员，是 GIS 中最重要的组成部分。开发人员必须定义 GIS 中被执行的各种任务，开发处理程序。熟练的操作人员通常可以克服 GIS 软件功能的不足，但是相反的情况就不成立。最好的软件也无法弥补操作人员对 GIS 的一无所知所带来的负作用。

（2）数据，精确的可用的数据可以影响到查询和分析的结果。

（3）硬件，硬件的性能影响到处理速度、使用是否方便及可能的输出方式。

（4）软件，不仅包含 GIS 软件，还包括各种数据库、绘图、统计、影像处理及其他程序。

（5）过程，GIS 要求明确定义，一致的方法来生成正确的可验证的结果。

GIS 属于信息系统的一类，不同之处在于它能运作和处理地理参照数据。地理参照数据描述地球表面（包括大气层和较浅的地表下空间）空间要素的位置和属性，在 GIS 中有两种地理数据成分：空间数据，与空间要素几何特性有关；属性数据，提供空间要素的信息。

总之，GIS 是一个基于数据库管理系统（DBMS）的分析和管理空间对象的信息系统，以地理空间数据为操作对象是地理信息系统与其他信息系统的根本区别。

第 2 章　分形理论与 GIS 技术

2.1　分形理论简述

2.1.1　分形理论的创立、发展及意义

非线性科学是近几十年在众多以研究非线性问题的理论基础上逐渐形成的,它是揭示非线性系统的共同性质、基本特征和运动规律的跨学科的一门综合性基础科学。分形理论是非线性科学研究中一个十分活跃的分支,它的研究对象是自然界非线性科学中出现的不光滑和不规则的几何体。虽然分形理论在 20 世纪 70 年代才提出来,但经过十几年的发展,它已广泛应用到自然科学和社会科学的几乎所有领域,成为当今国际上许多学科的前沿研究课题之一。

1967 年,美国科学家曼德尔布罗特(Mandelbrot) 在《Science》上发表的《How Long is the Coast of Britain,Statistical Self – Similarity and Fractional Dimension》的论文,开创了分形几何学。分形研究在其 30 多年的历史发展中,大致可划分为三个阶段(曾文曲等,1991) :

第一阶段(1875 ~ 1925 年):人们已经认识到几种典型的分形集,并力图对这些集合与经典几何的差别进行描述分类和刻画。尽管已经能够区别连续与可微的曲线,但普遍认为连续而不可微的情形极其少,并在理论研究中应该排除这类"怪物",而且进一步认为一条连续曲线上不可微点应当是很少的。

Von. Koch 于 1904 年采用初等方法构造出了现今被称为冯·科赫曲线的处处不可微的连续曲线,并且讨论了曲线的性质。这种曲线构造方面的简单性,改变了人们一直认为连续不可微曲线构造一定非常复杂的观念。Hausdorff 于 1919 年引入了豪斯道夫测度和豪斯道夫维数。Mandelbrot 在回顾该时期的分形几何历史时指出,分形几何以两种选择方式作为其特征:一是在自然界的混沌中选择问题;二是在数学中选择问题。这两种选择逐渐融合,从而在无序混沌和过分有序的欧氏几何之间产生出了一个具有分形序的新领域。

第二阶段(1926 ~ 1975 年):人们对分形集的维数研究获得了丰硕的成果,不仅逐渐形成了理论,而且研究的范围扩大到数学许多分支中。一批学者研究了曲线的维数、分形集的结构及局部性质以及在数论、调和分析、几何测度论中

的应用。Levy 关于下面两方面的研究成果至今看来仍然显得非常重要：系统研究了自相似集，现今人们所知许多自相似集的性质几乎都可以追溯到他的工作；建立了分数布朗运动理论，可以说，他是随机分形理论研究最重要的先驱者之一。所有这些已经使得分形科学的研究具有了自己的分析特色和方法。尽管这一阶段的研究取得了许多成果，但主要局限于对数学理论的研究，与其他学科并未发生联系。另外，物理、地质、工程学等学科已产生了大量和分形有关的问题，迫切需要新的理论思想和有力的工具来处理。正是在这种背景下，自 20 世纪 60 年代以来，Mandelbrot 以其独特的思想，先后系统深入地研究了海岸线的结构、月球表面、地貌生成的几何性质、强噪声干扰下的电子通信等自然界中大量典型的分形现象。

　　第三阶段（1975 年至今）：分形理论在各个领域的应用取得了全面发展，并形成独立学科。Mandelbrot 将前人的结果加以总结，集其大成，于 1975 年以《分形：形状、机遇和维数（Fractal：forms，chances and dimensioc）》为名发表了他的划时代著作。标志着分形几何作为一个独立的学科正式诞生。Mandelbrot 是第一个跳出传统物理学和几何学的人。他第一次系统地阐述了分形几何的思想、内容、意义和方法，标志着分形几何作为一门独立的学科正式诞生。自 1975 年以来，分形理论在数学基础和应用方面都取得了相当迅速的发展。在物理的相变理论、材料的结构、力学中的断裂与破坏、高分子链的聚合、酶的生长机理研究、自然图形的模拟和模式识别等领域取得了令人满意的成就。近十几年来，在非线性应用学科和计算机制图的推动下，分形的数学理论也得到了更加深入的发展，这主要体现在以下几个方面：分形维数的估计与算法，分形集的生成结构，分形的随机理论，动力系统的吸引子理论，分形的局部结构等。在此期间，自然科学中的分形学术论文呈指数增长趋势，哲学社会科学领域中涉及分形的论文和书籍也不断增加。国内国际有关分形的专题会议有增无减，特别是在 20 世纪 80 年代后期，令人感到了雷霆万钧之势。国际学术刊物《混沌、孤子和分形》和《分形》先后问世，分形学科从此就有了属于自己的一块阵地。

　　作为自然科学的三大发明（混沌、耗散结构和分形）之一，分形学的创立已经成为一次科学革命，为非线性系统的研究提供了工具，30 年来，人们借助这一工具对各领域的非线性问题进行深入研究，取得了一系列成果。

2.1.2　分形定义

　　曼德勃罗特曾经为分形下过以下两个定义（Deng Guantie，1995；胡迪鹤等，1995；陆夷，1995）：

　　（1）如果集合 A 在欧氏空间中的豪斯道夫维数（Hausdorff 维数或分维）Dim

(A) 恒大于其拓扑维 $dim(A)$，即 $Dim(A) > dim(A)$，则称该集合 A 为分形集，简称为分形。一般来说，$Dim(A)$ 不是整数，而是分数。

（2）组成部分以某种形式与整体相似的形体，称为分形。

然而，经过理论和应用的检验，人们发现这两个定义很难包括分形如此丰富的内容。实际上，对于什么是分形，到目前为止还不能给出一个确切的定义。只是将分形集看做具有如下性质的集合（张济忠，1995；曾文曲，2001）：

（1）分形集都具有精细的结构，即在任意小比例尺度内包含整体；

（2）分形集是如此的不规则，以至于它的整体和局部都不能用传统的几何语言来描述，它既不是满足某些条件的点的轨迹，也不是某些简单方程的解集；

（3）通常分形集具有某些自相似性，或是统计意义下的拟自相似集，或是自仿射集；

（4）一般分形集的"分形维数"，严格大于它相应的拓扑维数；

（5）在许多情况下，分形集的定义是非常简单的，或许是递归的，其形体却相对复杂。

总之，分形最突出的特点就是在不同尺度下表现出的自相似性。从形式上看，可能指几何形状，也可能指时间过程。数学上的分形往往是人为构造的确定性情况，自然界的分形则是客观存在的，从统计学的观点来看，往往并非表现在所有尺度下，只表现在一定尺度范围内。由于分形理论对事物的描述更接近某些自然界现象的实际表现，揭示了世界的本质，是真正描述大自然的科学，因此理论一经提出便深受人们注意，在短短数十年中，已发展应用于工程、科学等诸多领域。

2.1.3　分形例子——Koch 曲线

为进一步理解分形的概念及其性质，下面以 Koch 曲线为例对分形理论加以说明。其构造过程如图 2-1 所示。

取长度为 l_0 的直线段，称为初始元（$n = 0$）。将该线段三等分之后，保留两端的两段，将中间一段改成夹角为 60° 的两个等长直线（$n = 1$）。再将边长为 $l_0/3$ 的四个直线段分别三等分，且将其中间的一段均改成夹角为 60° 的两段长为 $l_0/9$ 的直线段，得到（$n = 2$）的操作。继续以上操作，以至无穷，得到科赫曲线（见图 2-1）。显然。每条线的"内部"结构与整体相似。

将上述的直线段向二维欧式平面推广。将一个等边三角形的每条边按上述过程构造，便得到首尾相连的科赫雪花曲线，如图 2-2 所示。在上述构造过程中，若加入随机成分，就会生成随机的科赫曲线，近似于海岸线。随机科赫曲线生成的原则：初始元的中间 1/3 用上凸的等边三角形的两条边替代，或者用下凹的等边三

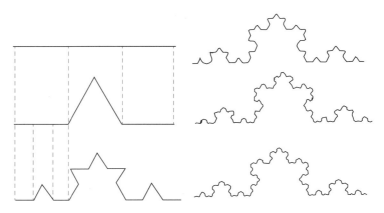

图 2-1　科赫曲线的构造过程

角形的两条边替代,假定上凸或下凹的机会是相等的,如图 2-3 所示。反复使用这种方法就会得到随机的科赫曲线,如图 2-4 所示。如果在构造过程中不假定上凸或下凹的机会相等,则产生的科赫曲线就会更接近于真实的海岸线形状。

图 2-2　科赫雪花曲线的构造过程

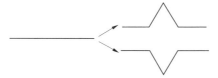

图 2-3　加入随机因素后生成的科赫曲线

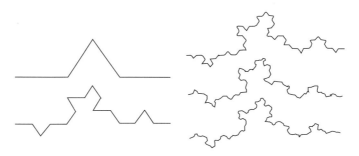

图 2-4　随机科赫曲线的生成过程

2.1.4　分形的基本特征

2.1.4.1　自相似性

分形的一个重要特征就是自相似性,它是指复杂系统的总体与部分、这部分与那部分之间的精细结构或性质所具有的相似性,或者说从整体中取出的局部能够体现整体的基本特征,即在不同放大倍数上的性状相似。

自相似性往往以统计方式表示出来,即当改变尺度时,在该尺度包含的部分统计学的特征与整体是相似的。这种分形是数学分形的一种推广,叫做统计分形或无规则分形,特别地,当研究对象是一个随机过程时,具有此性质的随机过程称为自相似随机过程。

2.1.4.2　标度不变性

对一个具有自相似性的物体或者系统必定满足标度不变性,或者说这种系统没有特征长度。所谓标度不变性是指在分形上任选一局部区域,并对它进行放大处理,这时得到的方法图形又会显示出原图所具有的形态特征。因此,对于分形,不论将其放大或者缩小,其形态特征、复杂程度、不规则性等各种特性均不会发生变化。

2.1.4.3　分维数

表征分形的最重要的参量是分维数。分维数说明了研究对象在时空上分配的不规则性及其复杂程度。欧氏空间的几何维数是整数,而分形的维数是分数(陈颢和陈凌,2005;屈世显和张建华,1996)。

由于对研究对象性质研究的着眼点不同,分维数的计算有多种方法。如Hausdorff 维数法、相似维数法、计盒维数法(刘德平,1998;李贤彬等,1999;丁晶和刘国东,1999;于姝萍等 ,2005;陈腊娇和冯利华,2006)、小波分析法(王文圣等,2005)、G - P 算法(傅军等, 1995)等,不同的方法适用于测量不同类型的分形体。如 Hausdorff 维数是分形几何的理论推导,但只有一小类规则的具有严格自相似性的分形(纯数学分形)才具有 Hausdorff 维数,对实际应用中的很多分形而言,Hausdorff 维数和相似维数都是难以计算的。

1)相似维数

相似维数用于描述整体与部分严格相似的分形集合,其适用范围有限。若某集合 A 由与它相似的 $N(r)$ 个部分组成,并且相似比为 r,则该集合的相似维数定义为:

$$D_s = \lg N / \lg(1/r) \tag{2-1}$$

在实际应用中只能取有限的 r。通常做法是求一系列的 r 和 $N(r)$。然后由双对数坐标中的 $\lg N \sim \lg r$ 的直线的斜率求 D_s，且上式必须要求存在标度关系。

2）豪斯道夫维数（Hausdorff）

相似维数既很重要又很简单，但是实用范围是很有限的，其原因是只有严格自相似分形集适用。可做如下的表述：设 F 是 d 维欧氏空间的子集，令 $N(\varepsilon)$ 表示覆盖 F 所需要的直径为 ε 的 d 维球的个数，如果当 $\varepsilon \to 0$ 时 $N(\varepsilon)$ 的增加与 ε 之间的关系：

$$N(\varepsilon) \propto \varepsilon^{-D} \quad 当 \varepsilon \to 0 \tag{2-2}$$

则说 F 的豪斯道夫维数为 D。

3）容量维数

假设 F 是 d 维欧氏空间中的有界子集，$N(\varepsilon)$ 是覆盖 F 的半径为 ε 的闭球的最少个数，则容量维 D_c 定义为：

$$D_c = \lim_{\varepsilon \to 0} [\lg N(\varepsilon) / \lg(1/\varepsilon)] \tag{2-3}$$

这是因为在 $\varepsilon \to 0$ 时，$N(\varepsilon)$ 与 ε^{-D_c} 成比例，所以式（2-3）成立。而在 $\varepsilon \approx 0$ 时，有

$$\lg N(\varepsilon) \approx -D \lg \varepsilon = D_c \lg(1/\varepsilon) \tag{2-4}$$

此式提供了近似计算容量维的试验方法。

4）量规维数

设 C 是一无自交点的 Jordan 曲线，即 C 是区间 $[a,b]$ 在连续双射下的像。由于 $[a,b]$ 紧致，E_2 是豪斯道夫空间，由拓扑学的一个定理可知，C 是 $[a,b]$ 的同胚像。设 $\delta > 0$，$x_0, x_1, \cdots, x_m$ 是 C 上的点且满足对 $K = 1, 2, \cdots, m$，$x_k - x_{k-1} = \delta$。定义 $M(\delta, C)$ 为点 $x_0, x_1, \cdots, x_m$ 的最大数目，则 $[M(\delta, C) - 1]\delta$ 可以看成利用两脚间距为 δ 的两脚规测量 C 所得的长度。当下述极限存在时，其值定义为：

$$\lim_{\delta \to 0} \lg M(\delta, C) = -D_c \lg \delta = D_c \lg(1/\delta) \tag{2-5}$$

若极限不存在，可改用上、下极限定义上、下量规维数（谢和平等，1991）。

5）盒维数

盒维数是一个有着十分广泛应用的维数，主要是由于它的计算相对简单且使用条件便于实现。设 A 是 n 维欧氏空间 E^n 的一个子集，用 $N(\delta, A)$ 表示覆盖集合 A 所需直径最大为 δ 的集的最少数目，则盒维数定义为（董连科，1990）：

$$D_0(A) = -\lim_{\delta \to 0} \frac{\lg N(\delta, A)}{\lg \delta} \tag{2-6}$$

对于具有统计自相似性的分形来说，计盒维数法是不错的方法，它是通过网格覆盖法得到的分维数，对过程线随时间变化的复杂性描述较好，数学原理清晰、计算公式简便，只需求出非空网格的数量即可通过公式得到分维数。

2.1.5　分形理论的应用

当前分形理论的研究主要分三种类型:其一,分形的基础理论研究。如分形集维数的性质与估计,分形集的局部结构,分形集的交与积,随机分形理论等方面的研究。其二,分形理论在实际应用中的研究。分形理论在化学、物理学、地震学、生命科学、艺术等多个方面有广泛的应用。其三,分形图形的生成方法研究。

这三类研究相比较,分形理论在实际应用中出现成果的速度最快,尤其是分形理论在物理学、化学、材料科学、计算机图形学等多个学科的应用取得了令人瞩目的成绩,特别是在一些广告、电脑游戏、计算机动画、书籍和刊物的封装、艺术作品中,已经成功地应用了分形技术,分形给这些生活中的普通事物注入了无限的生机。以下列举一些在各个学科领域中的应用情况。

2.1.5.1　在物理学中的应用

物理系统本质上是非线性的,但当今的牛顿力学和量子力学对于非线性问题还是无能为力。分形学的问世给物理学的研究注入了新的活力,因而分形在物理学中得到了广泛的应用,其中比较成功的应用包括以下方面。

在分形凝聚方面,人们提出的具有多重分形的受限扩散凝聚(DLA)模型和动力学集团凝聚(KCA)模型,如悬浮于气体中的固体颗粒或液体颗粒的凝聚、电解液中金属的电沉积、准晶体的生成、流体在多孔介质中的渗流等。

在粒子物理中的应用,高能粒子碰撞中的阵发现象具有分形结构,分形理论用于解释碰撞的机制,为粒子物理打开一个新的领域。

分形学也用于布朗运动分析、非晶态半导体的研究、引力波的研究、电子在固体中的散射、多孔介质中的声传播、激光全息防伪等领域。

分形在物理学中的应用包括理论研究和实际应用两方面。目前,理论研究已逐渐成熟起来,人们更加注重把理论研究成果用于各门工程技术中。例如电磁散射应用于远航通信、雷达回波中。分形在超导体研究、各种薄膜研究、包括纳米材料在内的新材料研制等方面将会发挥更大的作用。

2.1.5.2　在化学中的应用

在多相催化体系中的应用,催化剂颗粒是一个分形体,不仅疏松的衬底和分布在其上作为催化物质的颗粒表面可以用分维表征,而且起主要催化作用的颗粒的亚微观结构也具有分形特征。反应前后,催化物质几何构形的改变,可以通过测定分维来研究。催化剂表面的分维与它的催化特性有密切的联系,研究表明,在分形介质中进行分散和反应都与表面分维数有关。这说明,分维 D 值反映了催化剂的选择性、活性及活性位置在催化表面上的分布等信息。此外,分形理论还在生物催化方面有应用。

在宏观化学动力学方面,远离平衡态的化学过程往往产生具有分数维的表面结构,其中研究得比较详尽的就是扩散控制沉积模型(简称 DLA 模型),提出了一些相应的简化模型,用来模拟传热、传质以及界面生长等过程。

目前,分数维方法在化学中各个领域的应用也正在开展之中。例如:沉积物的形成、表面吸附、高分子溶液、晶体结构以及高分子凝胶等方面,也有少数学者开始研究小分子运动以及大分子构象等问题。此外,薄膜分形、断裂表面分形以及超微粒聚集体分形等领域的研究已日趋活跃,在准晶和非晶态固体的描述、气固反应模型等也有应用。

2.1.5.3　在材料科学中的应用

分形可以用于材料制备和材料断裂行为等研究。用于材料磨损表面、材料断裂表面、材料烧结与氧化过程、薄膜材料等方面的分析研究。分形学用于描述断口的特征,研究表明断口的分形维数是与宏观力学的某些参量密切相关,材料微观结构的分形维数与其超导电性密切相关。可以用分形维数的大小来区分材料的加热程度,晶体和非晶体的表面都可以用分形表面来描述。

2.1.5.4　在经济管理学中的应用

分形学在经济和管理学领域的应用,已经形成了分支学科——非线性经济学。

在股票、证券市场的应用,如用于分形市场假设、股票证券价格和收益的波动规律、证券市场交易数据的变化趋势等分析。

在管理科学中有许多应用,如在企业管理学、城市管理学、分形管理学等方面。此外,在经济弹性、国民收入、资本和财产的分布、经济刺痛变化趋势预测、经济混沌及经济奇异吸引子的分维测度、经济时序动力系统、人口学等方面也有应用。

2.1.5.5　在计算机图形学中的应用

分形在计算机图形学中的应用广泛。如迭代函数系统产生无穷多的分形图可以用于图案设计、创意制作、计算机动画、实物模拟仿真、装饰工程等具有广泛的应用价值,分形用于压缩图像信息时图像信息的提取和识别、纹理图像分割、分形图像编码等方面,都取得了很好的效果。

近年来,随着计算机技术,特别是 GIS 技术的飞速发展,为分形理论的计算提供了新的方法,提高了分形理论的计算精度,使分形理论的应用越来越广泛。

2.2　GIS 技术

2.2.1　GIS 简介

　　GIS(Geography Information System,地理信息系统)是融合计算机图形和数据库于一体,用来存储和处理空间信息的高新技术。它把地理位置和相关属性有机地结合起来,可以对在地球上存在的事物和发生的事件进行成图与分析。GIS 也属于信息系统的一类,但不同之处在于它能运作和处理地理参照数据。在 GIS 中有两种地理数据成分:空间数据,与空间要素几何特性有关;属性数据,提供空间要素的信息。

2.2.2　ArcGIS

　　ArcGIS 是美国环境系统研究所(Environmental System Research Institute,ESRI)开发的新一代软件,是世界上应用广泛的 GIS 软件之一,是一个全面的、完善的、可伸缩的 GIS 软件平台。ArcGIS 体系的建立,是 ESRI 软件发展史上重要的里程碑,它除了具有地图生产、高级特征建构工具、动态投影、将矢量和栅格数据存储在数据库管理系统(DBMS)中等基本特征外,互联网技术的应用还使ArcGIS 拥有了许多绝无仅有的特性。从 1978 年第一个 Arc/Info 产品诞生以来,随着计算机技术的飞速发展以及 GIS 技术的不断成熟,ESRI 的 GIS 产品不断更新扩展,1999 年推出的 ArcInfo 8 和 2000 年推出的 ArcGIS 8 整合了 GIS 与数据库、软件工程、人工智能、网络技术及其他多方面的计算机主流技术,大大拓展了在 GIS 方面的功能。2005 年,在继承已有技术的基础上,ESRI 推出 ArcGIS 9. x版本,主要在地理处理、三维可视化和开发工具等方面来扩展已有的平台,功能强大,具有快速建库和图形编辑能力,快速数据更新与维护能力;具有与其他外部数据包括规划地形图、野外测量数据等数据进行数据通信及数据转换的功能;具有扫描图像、栅格影像的分析、处理和管理能力,海量数据的专业管理、显示、分析和处理的能力,专业的分析算法和专业模型,可以进行深层次的网络分析,支持图像、声音、录像等多媒体功能,从数据采集到数据处理再到数据存储和空间数据分析,以至最终的结果专题图显示和网上发布,以及现实三维景观的模拟和分析等高级功能,都能够使用 ArcGIS 9. x 来实现(吴秀芹等,2007)。

　　在本书的研究中,主要使用了 ArcMap 和 ArcCatalog 两个应用程序来完成数据生成、地图处理及转换、空间分析、结果输出等过程,同时使用了 ArcToolbox、ArcGIS Spatial Analyst、3D Analyst 等工具集和扩展模块。

ArcMap 是 ArcGIS Desktop 中一个主要的应用程序,具有基于地图的所有功能,是一个用于编辑、显示、查询和分析地图数据的以地图为核心的模块,它不仅仅能够完成制图和编辑任务,而且是类似 CAD 结构的智能化地图生成工具,是一个功能强大的集成应用环境。

ArcCatalog 是以数据为核心,用于定位、浏览和管理空间数据的模块,是用户规划数据库表,用于定制和利用元数据的环境,利用 ArcCatalog 可以组织、发现和使用 GIS 数据,使用标准化的元数据来对数据进行说明,创建和管理用户所有的 GIS 信息,如地图、数据集、模型、元数据、服务等。

ArcToolbox 是一个空间处理工具的集合,具有许多复杂的空间处理功能,包括数据管理、数据转换、Coverage 的处理、矢量分析、地理编码、统计分析等工具,内嵌于 ArcCatalog 和 ArcMap 等应用程序中,可以交互使用。

其他的空间处理工具集合来自 ArcGIS 扩展模块,研究中用到的有 ArcGIS Spatial Analyst,它具有约 200 个栅格建模工具;3D Analyst,它包含 44 种 TIN 和地形分析的空间处理工具;Geostatistical Analyst,提供 kriging 和面插值的工具。

2.2.3 Hawth's Analysis Tools 工具

Hawth's Analysis Tools 是应用在 ArcGIS(ArcMap)上的扩展工具箱,原本主要是为空间生态学服务,但该工具内有许多功能函数可以借用到其他领域的计算,其中的 Line Metrics 工具,即可实现对过程线分维数的计算。该工具的菜单结构位置如图 2-5 所示。

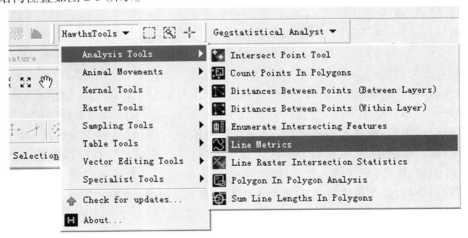

图 2-5　Hawth's Analysis Tools 工具界面示意图

Line Metrics 工具对话框界面如图 2-6 所示。

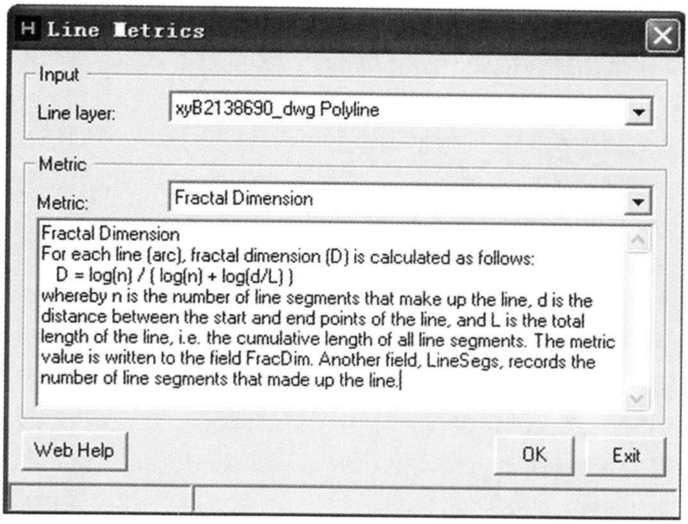

图 2-6　Line Metrics 工具对话框界面示意图

由图示可知,其分维数 D 的计算公式为:

$$D = \frac{\lg n}{\lg n + \lg(d/L)} \tag{2-7}$$

其中,n 表示组成过程线的线段数,即可用"过程线节点数 -1"得到;d 表示过程线起点到终点的直线距离;L 表示过程线的总长度,即所有线段长度的累积。

计算出的分维数 D 写入属性字段 FracDim,另一属性字段 LineSegs,则记录了组成过程线的线段数,即 n 的值。

与计盒法相比,用该方法计算地下水位及降水量过程线的分维数,简单便捷,能使计算过程得到简化,大大节省人力和时间。

2.3　国内外研究进展

2.3.1　分形理论在水文水资源中的应用

分形理论的研究方法主要包括:研究水文变量在时间或空间上的分布,计算其分形维数或多重分形谱;研究水文变量在不同尺度下的变化规律,以探求水文变量与尺度之间的相互关系;根据水文变量的时空分布规律,建立随机模型,进行随机模拟;应用时间序列方法进行预报;将尺度思想引入具有物理基础的水文模型。

分形理论在水文水资源中的应用包括以下几个方面:水系河网结构和流域地形地貌及其演变;河床表面形态及其演变;降雨时空分布;径流过程的分形特征;暴雨时空分布;洪水时空分布;土壤水、下渗与地下水;以及产汇流模型中的尺度问题等方面。

(1)水系河网结构和流域地形地貌及其演变。对水系河网结构分形性质的研究最早可追溯到1932年Horton对河网级次划分的研究。其工作表明,对一定流域的河网其相邻级次的分枝比与河道长度之比为常数,这就是著名的Horton定律(Rodriguez Iturbe和Rinaldo,1997)。Horton定律表明,流域河网是一个自相似的分形集。近二三十年来一大批的水文学家运用分形理论来对流域河网结构和流域地形地貌进行研究(Dietler和Zhang,1992;Barbera和Rosso,1989;Tarboton,et al.,1989;Mckerhar,et al.,1998;Rodriguez Iturbe,et al.,1994)。20世纪60年代以来,水系的定量研究十分活跃,Leopold、Langbein、shreve、Smart和scheidegger等的工作,使水系性质的研究取得了长足进展,新成果、新方法不断出现(汪富泉,1999)。1989年,GuPta(1989)对水系形成与发展的随机过程进行了分析,从数学上证明了在一定尺度上可能存在自相似性。罗文峰等(1998)研究了分枝结构的分形特征,讨论了其在河网中的意义。Mandelbrot认为Hack定律中的幂指数$b = 0.6$是主河道结构分形弯曲的结果,分维$D = 2b = 1.2$。Rosso,et al.(1991)从Mandelbrot模型推出了主河道长度与流域面积的分形关系。李后强和艾南山给出了一个联系水系级别与分形维数的关系式(1992)。冯平等(1993)分析了海河水系的分形特征。傅军等(1995)研究了嘉陵江流域河网的分形特征。由于水系河网结构和流域地貌表现出分形特征,流域上的流量和能量也表现出分形特征,且分布形式为幂律形式的双曲型分布。

(2)河床表面形态。在河床表面形态方面,金德生等(1993)采用分形粗视化对黄河下游及长江中下游深泄纵剖面进行了研究,发现其具有分形特征,分维与河床纵坡降和能量有关,分维可以刻画河流纵剖面发育的复杂程度。王协康等(1999)在分析非均匀沙河床颗粒随机分布基础上对床面颗粒暴露度函数关系进行分析,通过简化颗粒的排列方式,研究了非均匀沙河床的分形特征。Nikora(1991)研究了地貌齐性河段(MHRS)平面形态的分形特征。也有人提出了分析河道自相似性和自仿射性质的新方法,并用这一方法来研究辫状河道的平面形态。

(3)降雨的时空分布。降雨的时空分布是水文学家们关心的另一个重要的课题,同时也是气象学家们关心的问题,因此对它的研究也最为活跃。研究降雨时空分布的一个方面是对其进行分形分析,计算其分形维数或多重分形谱。1987年,Schertzer,et al.(1987)用计盒数法计算了降雨场(空间分布)的盒子维数。运用这一方法,其他一些学者计算了降雨在时间或空间上分布的分形维数(Olsson,et al.,1993;Sivakumar,2000;Shu-chen Lin、Chang-ling Liu 和 Tzong-yeang Lee,1999),对降雨时空分布的分形性质作了更深入的研究。

(4)河川径流。在河川径流的尺度研究方面,在空间分配上,主要集中于极值量(洪水)的研究,即洪水区域分析。1990 年 Gupta 和 Waymire 将标度不变性的假设引入了洪水区域分析(Gupta 和 Waymire,1990);针对洪水空间分布的分形特征,研究影响因素(如气候、地形)的作用也是研究的一个内容(Bates et al.,1998;Robison 和 Sivapalan,1997)。

在时间分配上,一个方面是计算径流过程的分形维数,另一方面则集中于从时间序列的角度出发来建立时间序列模型。1999 年,丁晶和刘国东用盒子数法计算了汛期日流量过程线的分形维数。1998 年,刘德平用盒子数法计算了日流量过程线的分形维数,并讨论了分维与形状因子的关系。1995 年,傅军等针对径流过程的混沌特用 G-P 算法计算了日流量过程的分形维数。1998 年,李贤彬博士用小波分析法计算了汛期日流量过程的分形维数。1984 年 Hosking 提出分数差分的 ARIMA 模型来模拟年径流过程;1997 年,Montanari 用此模型来模拟日、月径流过程和月降雨过程。1997 年,李贤彬将之运用于汛期的日径流过程的预报。此外,针对径流过程的混沌特征,也有人建立混沌模型进行预报。

(5)土壤水和下渗。土壤水和下渗中的尺度问题也是目前研究的一个热点。这包括湿地的分布、土壤的分形结构和水分在分形介质中的运动等方面。徐永福等研究了土壤的分形结构及其性质(徐永福和田美存,1996;徐永福等,1997;晁晓波等,1997)。此外,土壤水、下渗和地下水的尺度问题对产汇流过程的影响也有一定的研究。

(6)产汇流过程。产汇流过程中的尺度与自相似问题也是目前研究的热点之一。其研究的基本思想是根据降水在时空分布的分形特征和流域形态的分形特征,通过一定的水文产汇流模型来研究水文响应和地表径流(特别是洪水)的分形特征。

国内,对水文尺度问题的研究较少,只进行了一些尝试性的应用研究工作。在地学领域,洪时中、彭成彬等研究了地震中的分形特征(洪时中和洪时明,1988;彭成彬和陈藕,1989;王碧泉等,1988),李凡华等研究了油藏的分形特征(李凡华等,1998;同登科和陈钦雷,1999)。在流域形态方面,高旭等(1996)研究了分形曲线曲面在三维地貌中的应用。姚令侃等(1999)研究了非均匀沙河床的分形特征,并讨论了其自组织临界性(姚令侃和方铎,1997)。冯平等研究了水文干旱的分形特征(冯平和王仁超,1997;冯利华和许晓路,1999),朱晓华等(1999)研究了长期降雨的分形特征,侯玉等(1999)将分形理论用于洪水分期的研究,付立华(1995)将分形理论用于月平均海面水温的预报。丁晶、傅军、赵永龙等研究了洪水的混沌特征,并对其进行预报汇(丁晶等,1997a;丁晶等,1997b;傅军等,1996;赵永龙等,1998)。他们的研究只着眼于对一些孤立水文现象的分形特征的研究。

目前,分形理论在水文学中的应用主要包括了水系河网结构特征、流域地貌演变、河床表面形态特征及演变、降水时空分布、径流分形特征、洪水时空分布、产汇流模型尺度、土壤水及其下渗等方面,这些方面主要侧重于研究地表水的分形特征及河网、河床的形态特征,对地下水方面的应用则鲜有涉猎。

2.3.2　GIS 技术在水文水资源研究中的应用

2.3.2.1　GIS 应用于地表水的研究进展

20 世纪 70 年代,美国田纳西河流域管理局开始利用 GIS 技术处理和分析各种流域数据,为流域管理的规划提供决策服务,从此 GIS 应用于水文及水资源管理领域。80 年代初,随着计算机技术的飞速发展,GIS 在水科学领域的发展也非常迅速,如洪水预报预警和控制、水质模拟和预测、地下水模拟和水质污染控制,以及水资源规划、开发、运行和管理等。

GIS 是随着地理科学、计算机技术、遥感技术和信息科学的发展而产生的一个新兴技术,是一个能够对空间相关数据进行采集、管理、分析和可视化输出的计算机信息系统(魏文秋和于建营,1997)。

地理信息系统在水文及水资源中的应用主要有:

(1)应用于水文数据和管理。水文数据空间分布相当复杂,GIS 对水文数据的管理包括时空数据的综合、矢量与标量数据的综合、遥感数据处理以及作为水文模拟基础的 GIS 数据管理等。GIS 应用于水文数据的管理,最常见的是对水质数据、供水部门数据及遥感数据的管理与分析等。

(2)用于与水文模型的有机结合。如地下水模型与 GIS,应用 GIS 进行洪水模拟和预报,GIS 及其在降雨—径流分析模型中的应用等。贾仰文(2006)等以现代地理信息技术为数据处理平台,开发了黑河流域水循环系统的分布式模拟模型和黄河流域分布式水文模型。张建云(1998)等将 GIS 应用于无资料地区流域水文模拟研究,GIS 主要用来分析流域地形、地貌、土壤覆盖、植被分布等地理信息,以获取水文模拟模型所需的参数。

(3)用于对水资源和环境的规划管理。基于 GIS 的水资源规划管理被认为是一种灵活的规划工具,能够克服传统的大尺度战略规划的缺点。我国于 20 世纪 90 年代建成了国家基础地理信息系统,该系统在南水北调工程进行可行性分析、调水方案和线路确定、施工管理与监督、效益分析等方面提供信息支持,为加速工程和工程实际实施作出了贡献(王东华等,1995)。黄浦江流域水环境地理信息系统则可动态监测显示,进行水污染过程模拟及预报等(郑丙辉和刘宁,1995)。

　　GIS 在防洪决策与洪灾监测评估中的应用主要是先以遥感技术处理与分析灾情等有关信息,为防洪减灾决策提供理想的信息支持。目前,国内外都有利用 GIS 为防洪决策提供服务的实例,美国陆军工程兵团建立的空间数据库系统具有优化组合、环境分析与信息的动态显示等功能。刘志辉(2000)运用 GIS 建立了流域供水管理决策系统。卢玲等于 1999 年则开发了基于 WEB 的黑河水资源决策支持系统,在网上实现了三维虚拟的黑河流域全景。

2.3.2.2　GIS 应用于地下水水质分异的研究进展

　　地理信息系统(Geography Information System, GIS)集计算机技术和多种学科为一体,具有强大的空间分析和数据处理功能,对地下水的空间分布能够做到科学完善的分析,与地下水质的分布分析也能够有较好的结合点。GIS 引入地下水研究领域,不但能够提高地下水管理规划和研究工作的效率,而且能够提高研究成果的科学性和准确性。国外早在 20 世纪 70 年代已将 GIS 应用于地下水研究领域,目前应用非常广泛,技术较为成熟,成果众多;国内在这方面的研究相对起步较晚,主要是从 20 世纪 90 年代末开始兴起,应用日趋广泛,但与发达国家还存在不小的差距。

　　GIS 在国外地下水污染评价工作中应用较为普遍,Hyo–Taek Chon 和 Hong–Il Ahn(1999)选取韩国的一个工业区和一个农业区,对其地下水质进行分析,借助 GIS 建立了地下水化学组分和污染源之间的空间关系;In Soo Lee(1999)以韩国 Mok–hyun 流域为研究对象开发了基于 ArcView 的水质管理系统 WQMS,包括数据库子系统和模拟子系统,其中模拟子系统又包括 NSPLM(无暴雨污染负荷模型)和 SPLM(暴雨污染负荷模型)两种模型,利用水质污染模型可以计算污染物排放量并进行水质预测;Saro Lee, et al.(1999)综合使用 Windows NT、MODFLOW 96 和 ArcInfo 等软件建立了地下水模拟模型,实现了模型数据与水文地质数据库的交换,用该模型可进行地下水污染评价;S. Anbazhagan 和 Archana M. Nair(2004)基于 GIS 绘制了印度 Panvel 盆地的地下水水质地图,指标包括超标的氯、硬度、TDS、盐度等,以评价研究区地下水是否符合饮用水和灌溉用水要求;Anjana Sahay 和 Charlla Adams(2006)在研究美国爱达荷州西南部西蛇河平原土地利用与浅层地下水含水层污染的关系时,使用 ArcGIS 中的统计分析工具分析硝酸盐和莠去津(一种除草剂)的时空数据,并使用 ArcMap 将成果以图表形式提供给区域环境质量管理人员,证明了在地下水水质分析、监测土地利用和污染物含量方面 ArcGIS 的重要作用;Celalettin Simsek 和 Orhan Gunduz

（2007）利用 5 个危害组（盐度、浸润和渗透、离子毒性、微量元素毒性、其他杂项）施加于敏感作物之上，五个危害组经线性组合定义为 IWQ 指数，基于 GIS 数据库平台将 IWQ 指数集成，用于评价土耳其 Anatolia 西部 Simav 平原的灌溉用地下水质量，评价结果理想。

在国内，应用 GIS 对地下水水质状况进行研究分析起步相对较晚，基于对 GIS 在此类研究中优越性的逐步认识，李凤全和林年丰（2001）应用人工神经网络模型对吉林西部平原的水质进行评价，并借助共享文件实现该模型和 MapGIS 的连接，这种模式不仅能够反映水质的优劣，而且能够体现吉林西部水质的空间变化规律，最终的评价结果图不仅包含了水质空间分布状况，又包含了地理信息，绘出的评价结果可用于指导水资源的开发利用；中国地质大学刘明柱等（2005）设计了基于 C/S 结构的地下水资源评价模型与 GIS 集成框架，并应用于哈尔滨市水资源管理，极大地提高了地下水资源评价的效率；南昌大学姜哲和傅春（2006）在对长春市地下水水质评价过程中，通过 GIS 软件的应用，分析给出了长春市浅层和深层地下水水质各主要单项离子水质分区图和综合水质评价分区图，使得水质评价结果更为直观详细，同时各水样点的具体数据及分析结果都以图像属性保存在分析图中，在查询和验证时也提供了便利。

但是，与国外相比，国内的学者虽然做出了如上的努力，但总体来看，国内研究对于地表水质评价与 GIS 技术结合方面开展的工作较多（马蔚纯和张超，1998；贾海峰等，2001；秦昆等，2001；耿庆斋等，2003；姜亚莉等，2004；张行南等，2004；臧永强等，2007），而对地下水污染评价与 GIS 技术结合方面做的工作相对较少，且评价采用的软件大多为国产的 MapGIS 等，数据的交互和空间分析的功能不如 ArcGIS 强大，在很多方面存在局限性，与国外成熟的技术相比还有一定的差距。

因此，研究将地下水水质指标与 ArcGIS 软件结合起来，借鉴国外的先进成果对研究区地下水水位、水质分布进行更为精确和科学的分析，以期缩小与国外研究的差距。

2.3.2.3　GIS 和分形理论应用于地下水水位分异特征的研究进展

目前研究地下水水位变化的方法大致分为两类，一类主要是采用数学方法和模型对地下水水位的时间序列进行分析和模拟，如人工神经网络（赵新宇和费良军，2006；李丹等，2006）、遗传算法、小波分析（王文圣等，2004）、有限元、灰色系统理论（赵文举等，2008）等；另一类主要是采用具有空间分析优势的地质统计学及 GIS 手段对地下水水位或水质分布进行空间变异性研究。

其中，前者主要采用数学方法建立地下水水位预测模型，多通过编制计算机程序，采用各种优化算法对地下水水位时间序列进行运算，以收敛速度快、模拟精度高作为检验标准,收到较好效果,如西安理工大学赵新宇、费良军(2006)以宁夏河东灌区为对象建立的基于 LM 算法的灌区神经网络地下水水位预测模型,较好地模拟了灌区地下水系统的变化特征,预测准确度较高。但地下水水位是一个具有空间结构性的变量,数学方法只能通过优化计算使结果不断精确,却不能用于描述地下水水位空间分布的结构性。

后者采用地统计学方法及 GIS 手段进行分析,充分考虑到地下水的空间位置及空间相关性,克服了传统统计学对样本在空间上采用完全随机独立假定、不考虑地下水分布空间关系的不足。河海大学王卫光等(2007)对河套灌区 203个观测井的年均井水位高程进行常规统计分析和地统计学分析,并作出灌区地下水水位高程及其估计误差的空间分布图;中国农业大学李新波等(2008)应用地统计学分析了在地形地貌和种植业布局发生改变的地区地下水埋深的空间变异规律。

近年来,一些学者将地统计学较强的空间分析功能和 GIS 较强的空间数据管理功能相结合,比较理想地描述了地下水水位的空间分布情况,提高了研究成果的客观性,更加准确直观地反映出研究区地下水资源的状况。新疆大学周绪等(2006a,2006b)采用 GIS 和地统计学结合的方法对所取观测井地下水水位降幅数据进行空间分布特征分析,表明数据结构符合地统计学中的球状模型,利用 Kriging 方法生成的等值线图使得分析结果更加准确直观;Seyed Hamid Ahmadi和 Abbas Sedghamiz(2007)利用 ArcGIS 的地统计学工具分别分析了地下水监测井水位的时间结构和空间结构,东北大学刘志国等(2007)在 GIS 支持下运用地统计学方法研究了河北省近 15 年来的地下水水位时空变异规律,对该区地下水水位的空间结构和变异特征实现了很好的模拟;Tayfun Cay 和 Mevlut Uyan(2009)使用 ArcGIS 9.1 软件,利用地统计学中的普通克里格方法(ordinary kriging method)分析了土耳其 Konya 市 91 口地下水监测井的地下水水位时空变化,成果误差在允许范围内。Rakad Ta'any、Alaeddin Tahboub 和 Ghazi Saffarini(2009)使用 ArcGIS 中的地统计学工具(Kriging 插值)分析了约旦的 Amman – Zarqa 盆地地下水水位波动的时空变异特征,并研究了季节性水位涨落的时间依赖性。

此外,一些学者还对降水量和蒸发量的空间变异性进行了类似分析,取得了较好成果,如河南大学陈海生等(2008)采用地统计学和 GIS 结合的方法研究了河南省范围内降水量和蒸发量的空间变异和分布特征,实现了由点数据向面数据的转化,使研究成果成图更加方便,为大尺度范围内降水量和蒸发量估值研究提供了支持。

地下水系统是一个复杂的非线性动力系统,尤其是在灌区,地下水水位的变化受自然和人为因素的影响,自然因素包括气象、水文、地质、土壤及植被等;人为因素包括灌区渠道引水量、地下水开发及人工回灌等(赵新宇和费良军,2006)。地下水水位变动是多因素作用的复杂过程,为了寻找其内在规律性,运用分形理论进行研究是合理的,然而分形理论、地统计学方法和 GIS 结合对地下水进行研究在国内外却不多见,中科院新疆生态与地理研究所苏里坦等(2005a,2005b)采用分形和地统计学相结合的方法分别研究了新疆三工河流域地下水矿化度的时空变异特征和天山北麓地下水水位与自然植被的空间变异特征,定量地表达了空间变异性的复杂程度,证明干旱区的自然植被盖度对于其地下水埋深有着很强的依赖性,并详细地探讨了分形的自相似性出现的范围,为此类研究的开展提供了方向。

　　针对国内外采用分形理论、地统计学理论和 GIS 结合方法研究地下水水位的实例较为少见的情况,本研究结合分形理论和 ArcGIS 软件对地下水水位和水质变动的时空分布及其分形特征进行了进一步探讨,以期更加准确直观地描述地下水水位和水质变动的空间分异特征,为研究区地下水资源的评价和优化配置提供有效依据。

第 3 章　渭河流域径流过程的分形特征研究

3.1　研究区概况

本次研究以渭河流域为基础,选择其干流上林家村、魏家堡、华县,北岸支流秦安、张家山、狀头和南山支流黑峪口、马渡王、罗敷堡各三个水文站进行分析。

3.1.1　渭河流域概况

渭河是黄河第一大支流,发源于甘肃省渭源县西南的鸟鼠山北侧,流经陇东高原、天水盆地、关中平原(宝鸡、咸阳、西安、铜川、渭南等重要城市和杨凌区),至潼关港口入黄河,共经甘肃、宁夏、山西三省(区)26 个县(市、区)。宝鸡峡以上段为上游,宝鸡峡至咸阳为中游,咸阳至潼关为下游(见图 3-1)。流域面积

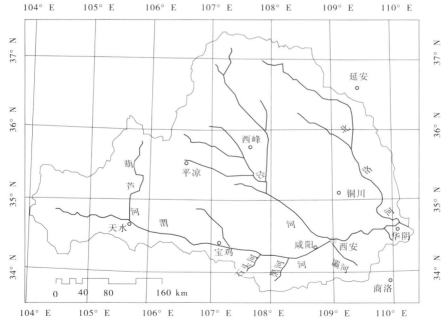

图 3-1　渭河流域水系图

13.48 万 km², 其中甘肃省占 44.1%, 宁夏回族自治区占 6.1%, 陕西省占 49.8%。干流全长 818 km, 河道较宽, 多沙洲, 水流分散; 咸阳至入黄口为下游, 河长 208 km, 比降较小, 水流较缓, 河道泥沙淤积严重(渭河网, 2007)。

此外, 华县水文站位于渭河下游, 控制渭河流域面积 106 498 km², 占渭河流域(不包括北洛河流域)面积的 97.16%(王生雄, 2007)。

3.1.1.1 地形地貌

渭河流域地形特点为西高东低, 西部最高处高程 3 495 m, 自西向东, 地势逐渐变缓, 河谷变宽, 入黄口高程与最高处高程相差 3 000 m 以上。主要山脉北有六盘山、陇山、子午岭、黄龙山, 南有秦岭, 最高峰太白山, 海拔 3 767 m。流域北部为黄土高原, 南部为秦岭山区, 地貌主要有黄土丘陵区、黄土塬区、土石山区、黄土阶地区、河谷冲积平原区等。

渭河上游主要为黄土丘陵区, 面积占该区面积的 70% 以上, 海拔 1 200 ~ 2 400 m; 河谷川地区面积约占 10%, 海拔 900 ~ 1 700 m, 渭河中下游北部为陕北黄土高原, 海拔 900 ~ 2 000 m; 中部为经黄土沉积和渭河干支流冲积而成的河谷冲积平原区——关中盆地(盆地海拔 320 ~ 800 m, 西缘海拔 700 ~ 800 m, 东部海拔 320 ~ 500 m); 南部为秦岭土石山区, 多为海拔 2 000 m 以上高山。其间北岸加入泾河和北洛河两大支流, 其中, 泾河北部为黄土丘陵沟壑区, 中部为黄土高塬沟壑区, 东部子午岭为泾河、北洛河的分水岭, 有茂密的次生天然林, 西部和西南部为六盘山、关山地区, 植被良好; 北洛河上游为黄土丘陵沟壑区, 中游两侧分水岭为子午岭林区和黄龙山林区, 中部为黄土塬区, 下游进入关中地区, 为黄土阶地与冲积平原区。

3.1.1.2 河流水系

由于地质构造上的原因, 渭河属不对称水系。渭河支流众多, 其中, 南岸的数量较多, 但较大支流集中在北岸, 水系呈扇状分布。集水面积 1 000 km² 以上的支流有 14 条, 北岸有咸河、散渡河、葫芦河、牛头河、千河、漆水河、石川河、泾河、北洛河; 南岸有榜沙河、石头河、黑河、沣河、灞河。北岸支流多发源于黄土丘陵和黄土高原, 相对源远流长, 但数量较少, 比降较小, 含沙量大, 以悬移质为主, 是渭河的主要来沙支流; 南岸支流均发源于秦岭山区, 源短流急, 谷狭坡陡, 径流较丰, 含沙量小, 泥沙以推移质为主。

3.1.1.3 水资源

1)降水与蒸发

流域处于干旱地区和湿润地区的过渡地带, 多年平均降水量 572 mm (1956 ~ 2000 年系列, 下同)。降水量变化趋势是南多北少, 山区多而盆地河谷少。秦岭山区降水量达到 800 mm 以上, 西部太白山、东部华山山区达到 900

mm 以上,而渭北地区平均 541 mm,局部地区不足 400 mm。降水量年际变化较大,C_v 值 0.21 ~ 0.29,最大月降水量多发生在 7、8 月,最小月降水量多发生在 1、12 月。7 ~ 10 月降水量占年降水总量的 60% 左右。

流域内多年平均水面蒸发量 660 ~ 1 600 mm,其中渭北地区一般 1 000 ~ 1 600 mm,西部 660 ~ 900 mm,东部 1 000 ~ 1 200 mm,南部 700 ~ 900 mm。年内最小蒸发量多发生在 12 月,最大蒸发量多发生在 6、7 月,7 ~ 10 月蒸发量可占年蒸发量的 46% ~ 58%。

流域内多年平均陆地蒸发量 500 mm 左右,高山区小于平原区,秦岭山区一般小于 400 mm,而关中平原大于 500 mm。

2)天然径流量

按照 1956 ~ 2000 年 45 年系列计算,渭河流域多年平均天然径流量 100.40 亿 m³,占黄河流域天然径流量 580 亿 m³ 的 17.3%。其中渭河干流林家村以上 25.25 亿 m³,咸阳以上 54.05 亿 m³,华县以上 88.09 亿 m³;支流泾河张家山以上 17.23 亿 m³,北洛河源头以上 9.96 亿 m³。

河川径流地区分布不均匀,渭河南岸来水量占渭河流域来水量的 48% 以上,而集水面积仅占渭河流域面积的 20%。南岸径流系数平均 0.26,是北岸的 3 倍左右。

天然径流量年际变化大,C_v 值 0.30 ~ 0.60,最大年径流量 218 亿 m³(1964 年)是最小年径流量 43 亿 m³(1995 年)的 5 倍以上。75% 偏枯水年份和 95% 枯水年份流域天然径流量分别为 73.54 亿 m³ 和 50.34 亿 m³。

径流年内分配不均匀,汛期 7 ~ 10 月来水量约占全年的 60%,其中 8 月来水量最多,一般占全年的 14% ~ 25%;1 月来水量最少,一般仅占全年的 1.6% ~ 3.1%。

3)浅层地下水资源量

流域多年平均地下水资源量为 69.88 亿 m³,其中山丘区 35.95 亿 m³,平原区 42.29 亿 m³,山丘区与平原区重复计算量 8.36 亿 m³。流域多年平均地下水可开采量为 35.71 亿 m³,其中山丘区 2.57 亿 m³,平原区 33.14 亿 m³。

流域地下水资源主要分布在渭河干流地区,占地下水总量的 82.1%。地下水可开采量与地下水资源量分布情况相似,渭河干流地区地下水可开采量最多,占总量的 91.9%。

4)水资源总量

流域多年平均水资源总量 110.56 亿 m³,其中天然径流量 100.4 亿 m³,地下水资源量 69.88 亿 m³,扣除二者之间重复量后,天然径流量与地下水资源量之间不重复量 10.16 亿 m³。75% 偏枯水年份和 95% 枯水年份水资源总量分别为

83.7 亿 m³ 和 60.5 亿 m³。

5）径流量变化情况及成因分析

20 世纪 90 年代以来，渭河流域降雨量偏枯，加上国民经济发展耗水量的不断增加，河道径流量大幅度衰减。

造成渭河干流实测径流量减少的主要原因有：降雨量偏少；国民经济发展耗水量明显增加；水土保持用水量增加。此外，排水蒸发及河湖库蒸发和潜水蒸发损失等造成的非用水消耗量的增加、气温升高导致蒸发能力的增加、集雨工程蓄水等因素，对于实测径流量的减少也有一定的影响。

3.1.1.4　泥沙

渭河流域多年平均天然来沙量 6.09 亿 t，其中泾河 3.06 亿 t，北洛河 1.06 亿 t，干流咸阳站 1.97 亿 t。由于水土保持作用以及降雨条件的变化，1970 ~ 2000 年系列渭河流域多年平均来沙量为 4.57 亿 t，其中泾河 2.46 亿 t，北洛河 0.85 亿 t，干流咸阳站 1.26 亿 t。渭河流域泥沙的主要特点有：输沙量大、含沙量高；水沙异源；来沙量地区分布相对集中；来沙量年内分配相对集中，其中，汛期沙量占年沙量的 75% ~ 94%。

3.1.1.5　洪水

洪水主要来源于泾河、渭河干流咸阳以上和南山支流。渭河流域洪水具有暴涨暴落、洪峰高、含沙量大的特点。每年 7 ~ 9 月为暴雨季节，汛期水量约占年水量的 60%。

历史上渭河曾发生过多次大洪水，1898 年（光绪二十四年），渭河咸阳段发生特大洪水，咸阳、华县洪峰流量分别为 11 600 m³/s、11 500 m³/s；1911 年，泾河发生特大洪水，张家山洪峰流量 14 700 m³/s；1933 年，华县洪峰流量 8 340 m³/s；1981 年 8 月华县站发生了 5 380 m³/s 的洪水。

进入 20 世纪 90 年代以后，洪水特性发生了一定变化，主要表现在洪水次数减少、发生时间更加集中，高含沙中常洪水频繁发生，同流量水位上升、漫滩概率增大、漫滩洪水传播时间延长等。例如，日平均流量大于 1 000 m³/s 天数，90 年代以前平均 14 d/a，90 年代只有 2.6 d/a；大于 3 000 m³/s 的洪水，1960 ~ 1990 年共发生了 25 次，90 年代仅发生 3 次。

2000 年以来，渭河流域主要发生了包括"03·8"、"05·10"洪水为主的 2 次大洪水。2003 年 8 月下旬至 10 月中旬，渭河流域先后出现了 6 次强降雨过程，持续时间长达 50 多天，其降水过程持续时间之长、范围之广、强度之大，为 1961 年以来之最。受连续降雨影响，泾、渭河分别出现了自 1977 年、1981 年以来的大洪水，其中马莲河庆阳水文站出现了 39 年以来的大洪水（洪峰流量 4 010 m³/s）渭河下游自 8 月 27 日至 10 月 19 日，相继发生了 6 次长历时、高水位、大

洪量的洪水过程,咸阳、临潼、华县 3 站相继出现历史最高水位,其中华县站超
"96·7"洪水位 0.51 m,咸阳站最大洪峰流量为 5 170 m³/s,为 1981 年以来最
大。受副热带高压和高原西风槽的共同影响,2005 年 9 月 19 日至 10 月 2 日,渭
河流域出现大范围连续降雨,渭河干流和区间支流发生较大洪水(泾河无洪水
加入)。临潼站以下洪水大漫滩,洪水演进速度缓慢,临潼至华县洪峰传播时间
长达 42.3 h,在同量级洪水中洪峰传播时间最长。10 月 4 日 9 时 30 分,华县站
洪峰流量为 4 820 m³/s,为该站 1981 年以来最大洪水。

3.1.1.6　天然水质

　　渭河流域天然水质主要受气候、降雨径流、土壤植被、地质地貌等自然环境
影响,流域大部分地区天然水质良好。渭河干流矿化度从上游至下游呈递减趋
势,泾河入渭后,矿化度又升高,矿化度为 500 ~ 700 mg/L,属软水和中等硬度
水。部分山区、干旱区有微咸水、高含氟水。微咸水区主要分布在石川河一带,
含有较高的氟化物及硫酸盐,水质咸涩;高含氟水主要分布在礼泉、蒲城、大荔部
分地区。

　　渭河流域潜水水化学特征与地貌及地下水的补给、径流、排泄条件有密切关
系。黄土高原的黄土丘陵区,多为低矿化度的重碳酸盐型水;关中盆地多为矿化
度小于 1 g/L 的重碳酸盐型水;渭河以北、泾河以东局部地区地下水矿化度较
高,为 3 ~ 5 g/L 或大于 5 g/L。

3.1.1.7　水土流失

　　渭河流域位于黄土高原地区,是黄河流域水土流失最为严重的地区之一。
水土流失的特点,一是面积广,水土流失面积 10.36 万 km²(其中渭河干流地区
4.47 万 km²,泾河 3.95 万 km²,北洛河 1.94 万 km²),占渭河流域总面积的
76.9%;二是土壤侵蚀强度大,全流域侵蚀模数大于 5 000 t/(km²·a)的强度水
蚀面积 4.88 万 km²,占黄土高原地区同类面积的 25.5%,多沙粗沙区面积 1.87
万 km²,占黄土高原地区同类面积的 23.8%;三是人为因素造成的水土流失严
重,由于忽视生态环境的保护和建设,导致地表植被严重破坏、林线后退和大量
弃渣,人为造成的水土流失面积增加较快。

3.1.1.8　土地利用

　　流域总土地面积 20 220 万亩,其中山丘区占 84%,平原区占 16%,平原区
面积的 99% 集中在关中地区。现有林地面积 5 940 万亩,占流域总土地面积的
29.4%,其中甘肃、宁夏和陕西林地面积分别占总林地面积的 33.5%、3.2% 和
63.3%。

　　流域内现有耕地面积 5 723 万亩,占总土地面积的 28.3%,农村人均耕地

2.5 亩,其中渭河干流地区 3 698 万亩,泾河 1 819 万亩,北洛河 206 万亩,分别占流域总耕地面积的 64.6%、31.8% 和 3.6%。关中地区耕地面积 2 014 万亩,占流域总耕地面积的 35.2%。现状流域农田有效灌溉面积 1 676.3 万亩,占耕地面积的 29.3%,农村人口人均灌溉面积 0.7 亩,其中渭河干流地区 1 520 万亩,泾河 133 万亩,北洛河 23 万亩,分别占流域总有效灌溉面积的 90.7%、7.9% 和 1.4% 关中地区有效灌溉面积 1 372 万亩,占流域总有效灌溉面积的 81.8%。

3.1.1.9　工农业生产

渭河流域历史上是我国经济较为发达的地区之一,目前也是我国重要的粮棉油产区和工业生产基地之一。

渭河流域地处我国西部地区的前沿地带,在国家实施的西部大开发战略中具有重要地位。

3.1.2　支流区域概况

3.1.2.1　葫芦河　秦安

葫芦河,古称陇水,水质微咸。因河床狭窄多曲折,形似"葫芦"得名。发源于月亮山南麓,向南流经西吉县白城、新营、城郊、城关、夏寨、硝河、将台、兴隆、玉桥等 9 个乡(镇),在玉桥乡下范村进入甘肃省静宁县北峡口。河源处海拔 2 570 m,出县境处海拔 1 676 m。葫芦河全长 296.3 km,流域面积 10 652.5 km²,在西吉县境长 120 km,流域面积 3 281 km²,它的支流众多,主要支流包括马莲川、唐家河、十字路河、好水河、渝河等。

葫芦河在甘肃天水三阳川与渭河交汇。往时水流丰沛,近因上游修整梯田、建水库、引水灌溉等,常常处于干涸状态,只在春末至深秋有较大浊水,夏天只在三阳川蒲甸村及下游有地下水涌出,流过蜿蜒的 4 km,在张白村正东河滩入渭河。冬季常有工业废水,从上游污染而下。

3.1.2.2　泾河　张家山

泾河是渭河的最大支流,发源于宁夏回族自治区泾源县,流经宁夏、甘肃、陕西三省(区),至陕西省高陵县的泾渭堡汇入渭河。河长 455.1 km,流域面积 4.54 万 km²,占渭河流域面积的 33.7%。

泾河支流较多,水系呈树枝状,右岸来自六盘山、千山的汭河、黑河等支流含沙量较小;左岸来自黄土丘陵和黄土高原区的洪河、蒲河、马莲河等支流含沙量大。泾河以洪水猛烈、输沙量大著称,是渭河和黄河主要洪水、泥沙来源之一。

河出崆峒峡至彬县河谷较宽,其中平凉—泾川间右岸滩地平坦,为泾河最大的川区,有 20 余万亩川地已全部开发为水地,是当地农业生产高产区。山间河流穿行于峡谷中,坡陡流急,水力较丰。张家山以下,两岸为黄土阶地,属关中盆地,水流平稳,比降仅 1.0‰,土壤肥沃,宜于灌溉。流域内地貌有山区、丘陵、高原、平原四种类型。山区占 4.31%,高塬沟壑区占 41.72%,黄土丘陵沟壑区占 48.81%,冲积平原区占 5.16%。高原和丘陵区沟壑纵横,沟壑面积占 50%以上。

泾河流域属大陆性气候,雨量和气温由东南向西北逐渐递减,年平均降水量 550 mm,年平均气温 10 ℃左右。

泾河下游是中国水利开发最早的地区,秦时开郑国渠引泾水灌溉关中平原;上游平凉、泾川等地也远自唐代即已开渠兴利。现在上、中游修筑水库,下游扩建泾惠渠灌溉工程,增加了灌溉面积。

3.1.2.3　洛河溯头

北洛河为渭河第二大支流,发源于陕北吴起县白于山区的草梁山,流经延安地区,穿越渭北高原东部至大荔县朝邑入渭,河长 680 km,流域面积 2.69 万 km²,占渭河流域面积的 20%。集水面积大于 1 000 km² 的支流有葫芦河、沮河、周河。葫芦河为北洛河最大的支流,流域面积 0.54 万 km²,河长 235.3 km。

1)地质地貌

洛河是陕西省纵跨纬度最大的河流,南起北纬 34°40′,北至北纬 37°19′。流域内地质地貌复杂,上游段(河源至甘泉)为黄土丘陵沟壑区;中游段(甘泉到白水)为黄土高塬沟壑区;下游段(白水以下)包括渭河、洛河冲积平原区及沙苑风沙区。

黄土丘陵沟壑区面积 16 605.45 km²,占总面积的 61.7%。地质以白垩系及侏罗系的红色砂岩互层为主,上覆黄土。该区梁峁起伏、沟壑纵横、地形破碎、土壤疏松、抗蚀能力差,侵蚀方式以水蚀为主,同时重力侵蚀也很活跃,平均侵蚀模数 7 006 t/(km²·a),河源区一带达 1 万 t/(km²·a)以上,为洛河粗沙主要来源地。

黄土高塬沟壑区面积 8 841.23 km²,占总面积的 32.9%。地质为三叠系灰色砂页岩互层,上覆黄土。该区塬面平展,沟壑纵横,是著名的渭北粮仓。以水蚀、重力侵蚀为主,侵蚀模数为 1 855 t/(km²·a)。

渭河、洛河冲积平原区面积 650 km²,占总面积的 2.4%,该区地势平坦,土地肥沃,为北洛河流域最富庶的地区。这里河曲发育,河床不稳定,常常遭受洪水危害。侵蚀方式以水蚀为主,侵蚀模数为 550 t/(km²·a)。

风沙区位于下游的大荔沙苑一带,面积436 km²,占总面积的1.6%,这里沙丘遍布,风蚀严重,水蚀较轻,侵蚀模数为1 500 t/(km²·a)。

2)森林植被

流域内森林主要分布在志丹、甘泉、富县、黄陵、黄龙、宜君等县,涉及子午岭、崂山、乔山、黄龙山四大林区,林业资源丰富。森林面积83.05万 hm²,其中天然次生林56.68万 hm²,人工造林26.3万 hm²,是陕西省黄土高原地区唯一一片林区。流域内草场多属天然草地,多系森林破坏后形成的次生草灌。然而,在上游地广人稀地区,多年来一直沿用广种薄收的习惯,陡坡耕垦,水土流失非常严重。

3)气象水文

洛河流域位于中纬度半干旱地区,海拔多在1 000 m左右,属大陆性季风气候,十年九旱,雨雪稀少。年降水量375.4～709.3 mm,由南向北、自东向西递减。降水年内分布不均,年降水量70%集中在7～9月,且多暴雨,破坏性大。流域内旱、涝、霜、冻、冰雹等自然灾害频繁。北洛河洪水常常发生,暴涨暴落,水土流失极为严重。年径流量9.43亿 m³。实测最大洪峰流量7 200 m³/s(1994年8月31日刘家河站),枯水最小流量仅为1.2 m³/s。北洛河平均年含沙量达100 kg/m³,最大含沙量高达440 kg/m³。平均侵蚀模数达5 073.4 t/(km²·a),平均年输沙量0.996亿 t,占陕西输入黄河泥沙的1/8。

3.1.2.4　黑河　黑峪口

黑河为渭河南岸较大支流,位于东经107°73′～108°24′、北纬33°42′～34°13′,发源于秦岭太白山北麓,由西南流向东北,至周至马召镇附近出峪,向东北汇入渭河,流域面积2 258 km²,干流总长125.8 km,河道平均比降8.77‰。流域最高为太白山主峰,海拔3 767 m,流域分水岭平均高程海拔为2 400 m。黑河流域为扇形,东西最大宽度约60 km,支流多汇集于右岸,右岸支流集水面积约为左岸的3倍。陈家河以下黑河干流较为顺直,无较大支流汇入,流域平均宽度约6 km。

峪口以上干流长91.2 km,控制流域面积1 481 km²,约占全流域面积的65%,干流流经高山深谷,河床比降大,约为147‰。峪口以上为秦岭林区,流域内植被良好,森林覆盖率为46.5%,含沙量小,水质无污染,符合国家饮用水水质标准。

3.1.2.5　灞河　马渡王

马渡王水文站设立于1952年6月,是关中中部地区渭河南岸大面积区域代表站,也是灞河下游干流控制站,系国家基本站点,位于西安市灞陵乡马渡王村,东经 109°09′,北纬 34°14′。

灞河属于渭河南岸的一级支流,发源于蓝田县灞源乡麻家坡以北,秦岭北坡。灞河全长 92.6 km。流域面积 2 577 km²,比降为 12.3‰。断面以上控制河长 73.9 km,流域面积 1 601 km²,河流平均坡降 5.8‰,距河口 30 km。

年均水量 604.2 m,年均径流量 8.31 亿 m³。历史调查洪峰流量 2 160 m³/s。发生于 1953 年 8 月。实测最大流量 1 500 m³/s,发生于 1974 年 9 月,实测最小流量 0.06 m³/s,出现时间为 1966 年。

3.2　数据处理

水文资料是各种水文测站经过水文测验得到的原始数据,经过资料整编,按科学的方法和统一的格式整理、分析、统计,提炼成为系统的便于使用的水文资料成果,是水文预报、水文水利计算、维持生态环境良性发展以及掌握水量进行水量调度等决策的重要依据,水文资料是水资源的基本属性,也是水生态环境的组成要素,水资源是人类社会和经济持续发展的重要物质基础之一,其中水资源的质量和数量起着命脉作用,在我国现代化建设、水资源的可持续利用中起着支撑和保障作用。因此,对水文资料进行规范化观测、调查、分析和评价,是科学管理水资源的重要基础(张世军等,2007)。

3.2.1　资料的审查

水文资料是水文分析计算的依据,它直接影响着工程设计的精度、可靠性,是工程设计的基础(任树梅和李靖,2005)。

在应用各种水文实测资料进行分析计算时需先进行一步工作,即对资料进行"三性审查"。三性审查包括:可靠性审查——排除资料中可能存在的错误;一致性审查——审查水文现象影响因素是否一致;代表性审查——审查资料对于水文变量总体的代表性。

本书收集了渭河流域干流 3 个水文站(林家村、魏家堡、华县)及主要支流水文站(秦安、洑头、张家山、黑峪口、马渡王、罗敷堡)径流资料。分析计算前,先对各站资料进行三性审查。

3.2.1.1　可靠性

水文资料的可靠性分析,应按水文要素的不同特性进行必要的分析。主要检查水文资料监测部门的水文水资源调查评价的资质情况;水文资料是否经省级水文机构的汇编;监测场地和监测仪器是否符合国家有关标准;水文资料是否按照相关规范或标准进行监测和整编;上下游、相邻站或相关区域资料的对比是否合理。有些水文要素还需一定的辅助资料,这些辅助资料的监测方式、整编方法,对资料的可靠性有时影响很大,涉及这类资料时,使用水文资料的部门应特别注意进行分析和检查(刘献峰,2009)。

早在 20 世纪,国外的水文水质专家就提出"错误的数据比没有数据更糟"的观点,实践证明,这一论断是非常正确的,国内的许多专家学者深有同感,该论断深刻地阐明了水文资料可靠性的重要意义(张世军等,2007)。

一般来说,经过整编的资料都对原始资料进行了可靠性及合理性检验,通常不会有大的错误。但也不能否认还有一些资料的错误没有检查出来(陈望春,2007;冉四清和徐霞晴,2007;王锦生,1994)。

本书中所采集的水文资料均已进行了可靠性审查与编辑,因此可直接引用,可靠性审查过程就不再重复。

3.2.1.2　一致性

径流资料受气候条件及下垫面条件的影响较大,上述两个条件任意一个发生显著变化时,资料的一致性就遭到破坏。尤其是人类活动对下垫面的变化影响显著,一般需进行处理(李晓远和刘淑清,2006)。在研究区内分析选用各类水文资料一致性时,应首先收集整理以下三个方面的情况:一是研究区所在区域水文特性;二是气候和下垫面情况;三是人类活动的影响情况。其次是利用长短系列参数对比法、累积曲线斜率法或 F 检验法(陈广才和谢平,2006;陈鸿文等,2009),对所采用水文资料系列进行分析,确定其各时期资料的一致性。若各时期资料的一致性较差,则根据一定原则和方法,将资料统一换算到同一种条件下(史卫东,2001;凡炳文等,2008)。

一般用单累积曲线法对水文资料进行一致性分析,其基本理论如下:

设有年径流系列 $X_t(t=1,2,\cdots,n)$,则有

$$X_{ct} = \sum_{i=1}^{t} X_i = \sum_{i=1}^{t-1} X_i + X_t \qquad (3-1)$$

式中: X_{ct} 为第 t 时段的累积径流量。

绘制 X_{ct} 的过程线,若径流资料一致性很好,过程线总趋势呈单一直线关系(具有周期性波动)。若资料一致性遭到破坏,则会形成多条斜率不同的直线。本书中用累积模比系数过程线对引用的水文资料进行一致性分析,其中模比系数 $K_i = \dfrac{X_i}{\overline{X}}$。下面以洑头站为例,介绍其一致性审查(见表 3-1、图 3-2)。

表 3-1　　洑头站年径流资料一致性分析计算　（流量单位：m³/s）

年份	年均径流	K_i	$\sum K_i$	年份	年均径流	K_i	$\sum K_i$
1934	25.15	0.96	0.96	1971	23.47	0.89	40.05
1935	33.76	1.29	2.24	1972	17.14	0.65	40.71
1936	12.29	0.47	2.71	1973	24.15	0.92	41.63
1937	37.38	1.42	4.14	1974	16.80	0.64	42.27
1938	25.79	0.98	5.12	1975	37.94	1.45	43.71
1939	16.33	0.62	5.74	1976	39.20	1.49	45.20
1940	46.17	1.76	7.50	1977	28.14	1.07	46.28
1941	16.88	0.64	8.14	1978	29.78	1.13	47.41
1942	17.28	0.66	8.80	1979	23.32	0.89	48.30
1943	22.67	0.86	9.67	1980	19.78	0.75	49.05
1944	30.40	1.16	10.83	1981	27.99	1.07	50.12
1945	18.86	0.72	11.54	1982	22.32	0.85	50.97
1946	27.12	1.03	12.58	1983	40.64	1.55	52.52
1947	36.02	1.37	13.95	1984	35.79	1.36	53.88
1948	21.14	0.81	14.76	1985	39.90	1.52	55.40
1949	35.49	1.35	16.11	1986	22.12	0.84	56.25
1950	35.32	1.35	17.45	1987	18.33	0.70	56.94
1951	17.33	0.66	18.11	1988	41.04	1.56	58.51
1952	18.22	0.69	18.81	1989	22.94	0.87	59.38
1953	22.12	0.84	19.65	1990	21.22	0.81	60.19
1954	34.95	1.33	20.98	1991	25.87	0.99	61.18
1955	12.62	0.48	21.46	1992	28.48	1.09	62.26
1956	48.78	1.86	23.32	1993	23.94	0.91	63.17
1957	16.25	0.62	23.94	1994	32.57	1.24	64.41
1958	36.74	1.40	25.34	1995	11.02	0.42	64.83
1959	24.22	0.92	26.26	1996	23.15	0.88	65.72
1960	18.35	0.70	26.96	1997	15.70	0.60	66.31
1961	28.98	1.10	28.07	1998	21.05	0.80	67.12
1962	22.84	0.87	28.94	1999	18.67	0.71	67.83
1963	31.18	1.19	30.13	2000	18.52	0.71	68.53
1964	63.52	2.42	32.55	2001	21.86	0.83	69.37
1965	24.28	0.93	33.47	2002	20.36	0.78	70.14
1966	37.05	1.41	34.88	2003	39.38	1.50	71.64
1967	29.91	1.14	36.02	2004	12.98	0.49	72.14
1968	28.89	1.10	37.12	2005	17.35	0.66	72.80
1969	29.76	1.13	38.26	2006	5.28	0.20	73.00
1970	23.61	0.90	39.16				

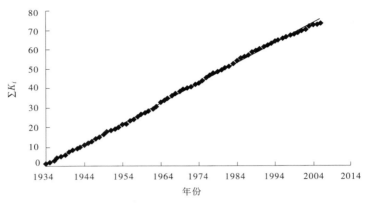

图 3-2　洑头站年径流模比系数过程线

由图 3-2 可知,洑头站年径流模比系数过程线总趋势呈单一直线关系,一致性较好,该站径流数据可直接采用。

3.2.1.3　代表性

资料的代表性是指样本资料的统计特性能否很好地反映总体的统计特性。代表性好,实际误差就小,反之,实际误差就大。因此,资料代表性分析对衡量计算成果精度具有重要意义(彭赤彬,2002)。

径流资料的代表性分析,主要是通过对年径流系列周期、稳定期和代表期分析来揭示系列对总体的代表程度。

1)周期分析

这里所说的周期并不是数学上的周期函数那样规则。年径流系列的周期长度不固定,振幅也有变动。造成这种复杂性的原因是影响径流的因素很多,除了各种因素自身周期的影响外,还受随机影响。本书采用差积曲线法(范守伟等,2002)对资料进行周期分析。

差积曲线法是将每一年的径流量与多年平均径流量的离差逐年依次累加,然后绘制这种积差值与时间的关系曲线进行周期分析的方法。该法的基本计算公式为:

$$S_i = S_{i-1} + (X_i - \overline{X}) \tag{3-2}$$

式中:$\overline{X}$ 为径流系列均值;X_i 为第 i 年径流量,$i = 1, 2, \cdots, n$;S_i 为第 i 年的差积值。

由于径流量数值很大,实用上习惯用模比系数表示,即

$$S_i = S_{i-1} + (K_i - 1)\overline{X} \tag{3-3}$$

式中:K_i 为模比系数,即 $K_i = X_i/\overline{X}$。

差积曲线法的基本特点是曲线上一个完整的上升段表示一个丰水期,一个完整的下降段则表示一个枯水期,一上一下或一下一上组成一个周期。但由于径流变化的复杂性与不确定性,大周期内有小周期,分析的重点是大周期。

本书采用逆时序差积曲线。这样可以以最近的资料实测年份作为周期的相对起点,逆时序取一个或两个周期为代表期(见图 3-3)。

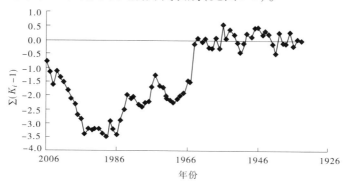

图 3-3　洑头站年径流模比系数差积过程线

2)稳定期与代表期分析

同周期分析一样,稳定期分析的目的是通过径流系列某种指标或参数达到稳定的历时来确定代表期的方法。本书稳定期与代表期分析采用累积平均值过程线法。

这是一种径流系列的累积平均值与时间的关系用图示方法分析径流系列稳定期的方法。该法的计算公式为:

$$\overline{X}_i = \frac{1}{i}(X_1 + X_2 + \cdots + X_i) = \frac{1}{i}\sum_{k=1}^{i} X_k \qquad (3-4)$$

式中:$\overline{X}_i$ 为年累积平均值;X_k 为实测值。

习惯上,多采用模比系数法,即

$$\overline{K}_i = \frac{1}{i}\sum_{j=1}^{i} K_j \qquad (3-5)$$

根据式(3-4)、式(3-5)计算出累积平均值模比系数后绘制累积平均值过程线如图 3-4 所示。

3.2.2　月径流资料的插补

在水文分析与计算中,如实测系列较短或实测期间有缺测年份时,常采用相关插补法延长系列(白花琴等,2009;李红良等,2003;刘光文,1991;华家鹏和林芸,2003;李满刚,1999;高治定等,2005;王玲和朱传保,2002;吴媛等,2005;孙晓

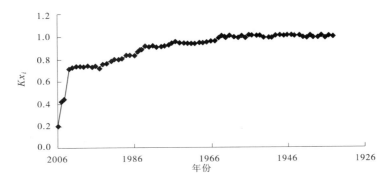

图 3-4　洑头站年径流累计平均值模比系数过程线

梅和刘伟,2003;杨远东,2008)。本书中,缺测魏家堡水文站 1968 年 5 月到 1970 年 12 月间的月径流资料,需要进行径流资料的插补。但插补是有条件的,在我国设计洪水规范(水利电力部,1980)中规定了这些条件的具体意义:

(1)插补时要求两站关系较好,点据密集分布呈带状;

(2)展延资料的年数不宜过多,最多不超过实测年份且外延幅度不宜过大,一般以不超过实测幅度的 50% 为宜。

本次径流资料的插补按照月径流量相关法(雷鸣等,2006),利用魏家堡水文站月径流资料与同期上游林家村水文站月径流资料建立相关,插补出魏家堡水文站缺测月径流量。该法有两个前提条件,首先,上、下站径流成因相同,丰枯同步关系比较一致;其次,建立的相关关系显著。

林家村水文站位于魏家堡水文站上游,两水文站同属一条河流上、下游,相距不远,两站月径流变化过程具有一定的成因联系,故具有较高的丰、枯变化的同步性。因此,可利用两站同步短系列实测径流资料反映的相关关系对魏家堡水文站月径流资料进行插补。

3.2.3　归一化

归一化是一种简化计算的方式,即将有量纲的表达式,经过变换,化为无量纲的表达式,成为纯量。

归一化处理在模式识别中应用十分广泛,其用途主要分为两类:一类是归一化作为特征提取前的预处理技术;另一类是归一化对特征提取后的特征向量进行特征变换。归一化作为数据预处理技术常用于特征的产生和提取,如人脸识别、虹膜识别、车牌识别和手写字体识别等,其主要作用为统一识别对象的大小和尺寸(刘小平等,2007;王先梅等,2007;肖汉光和蔡从中,2009)。宋寿鹏和阙沛文(2006 年)提出了将时间尺度与幅值尺度归一化的计盒维数方法来快速计算超声回波分形维数;在此基础上,对管道中缺陷超声回波的分形维数进行了计算与统计分析,得到了超声回波的分形维数的统计分布规律。

由于归一化预处理的好坏直接影响特征生成和提取的效果,所以归一化预处理技术始终是研究者讨论的热点。从广义上讲,特征向量的特征归一化是一种特征变换。由于识别对象的不同,其特征向量的特征分量在数量级上有较大的差别。在代价函数中,大值特征分量比小值特征分量的影响更大,但并不能反映大值特征分量更重要,所以需要对特征进行数量级统一,即特征归一化。

由于未采用特征归一化的特征向量能得到较为满意的结果,所以特征归一化往往容易被忽视,讨论特征归一化对识别率影响的研究相对较少。但从提高识别率的角度看,特征归一化是值得讨论的。

本书采用平均值归一化的方法,即 $y_i = x_i / \bar{x}\,(i = 1, 2, \cdots, n)$,其中 y_i 为归一化后的序列, x_i 为某水文站径流系列, $\bar{x}$ 为径流系列的平均值。

本书需要归一化的数据包括:各研究水文站年、月、旬径流序列。

3.2.4　径流分维数计算

3.2.4.1　计算步骤

本书涉及大量的水文径流系列,要计算各水文站旬、月、年径流分维数,需要以下几个步骤(以林家村水文站年径流系列分维数计算为例):

(1)整理数据,使各水文站归一化后的径流资料在 Excel 里按照年份、年(旬、月)均流量的格式排列(必须有列名)(见图 3-5)。

	A	B	C	D	E	F	G	H	I	J	K	L	M	N
1	年份	1月	2月	3月	4月	5月	6月	7月	8月	9月	10月	11月	12月	年均流量
2	1944	0.86	0.77	0.72	0.90	0.64	1.49	0.76	0.96	0.33	0.96	1.10	1.30	0.84
3	1945	1.72	1.55	2.06	1.87	0.59	0.26	0.48	1.09	1.60	1.28	1.31	1.14	1.16
4	1946	1.03	1.01	1.19	0.95	2.55	1.93	1.99	0.67	1.83	0.79	1.82	1.02	1.45
5	1947	1.14	0.87	0.72	0.47	0.91	1.13	0.40	2.41	1.18	1.36	1.41	1.05	1.19
6	1948	1.24	1.25	1.55	2.97	1.32	1.35	0.71	1.18	1.00	1.04	0.98	1.36	1.22
7	1949	1.02	1.27	1.03	1.02	0.76	0.45	0.90	1.24	3.39	1.60	1.59	1.68	1.53
8	1950	1.60	1.36	1.28	1.10	0.61	0.84	0.73	0.69	0.50	1.10	0.99	0.70	0.84
9	1951	0.82	0.85	0.76	0.96	0.68	0.36	0.80	0.42	1.32	0.64	0.89	0.74	0.78
10	1952	0.71	0.87	1.13	1.47	2.93	1.30	1.27	1.51	0.49	0.46	0.73	1.15	1.12
11	1953	0.70	0.78	0.74	0.47	0.46	0.66	1.05	0.30	0.46	0.48	1.03	0.82	0.61
12	1954	0.90	0.82	0.98	1.24	1.09	1.32	2.32	1.90	1.44	1.21	1.20	1.44	
13	1955	1.17	1.73	1.32	0.82	0.67	0.67	1.06	0.82	1.20	1.19	0.84	1.01	1.01
14	1956	0.94	0.94	0.73	1.15	0.49	4.88	1.65	1.63	0.55	0.62	0.61	0.72	1.26
15	1957	0.92	0.85	0.95	0.86	2.50	1.32	1.47	0.37	0.28	0.26	0.40	0.66	0.82

图 3-5　林家村水文站月、年径流序列排列示意图

(2)将水文系列导入 ArcGIS,形成 shp 格式线文件。

在 ArcMap 下,打开菜单 tools——Add XY Data(见图 3-6),在"Choose a table from the map or browse for another table"下选择目标系列路径,在"X Field"下选择"年份","Y Field"下选择需要计算的水文时间系列(这里以林家村年均流量

为例），点击"OK"会形成一个新图层。所选择的水文系列中所有的点都添加进了新图层，但此时添加进来的点没有 object ID 或者 FID，图层不具备.shp 图层的大部分功能。

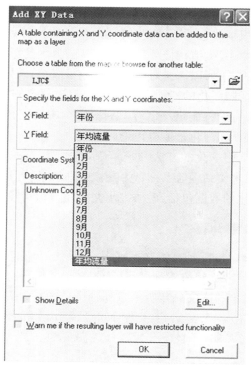

图 3-6　Add XY Data 对话框

在生成的图层上单击右键，选择 Data—Export Data…（见图 3-7），导出成该图层的.shp 文件。

（3）利用 ArcGIS 中 toolbox 工具中的脚本（见图 3-8），将 shp 点文件转成线文件。

①利用 write features to Text file 生成 txt 文件，这个文件主要是描述各个点的坐标和格式。

双击 write features to Text file，打开对话框（见图 3-9），在 Input Features 中输入点文件路径，Output Text File 中为输出的 txt 文件的路径。图 3-10 为输出的 txt 文件格式。

将图 3-10 中的 Point 改成 Polyline，即可满足将点连接生成线的要求。

②利用 Create Features From Text File 工具（见图 3-11）导入刚刚生成的并改为 Polyline 的 txt 文件，即可生成分维数计算所需的线文件，如图 3-12、图 3-13

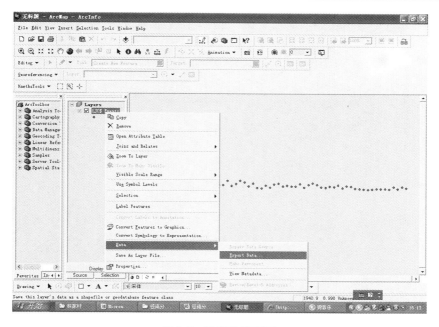

图 3-7　数据输出界面

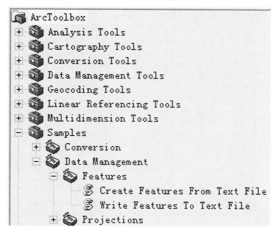

图 3-8　ArcToolbox 工具框

所示。

（4）利用 Hawth's Analysis Tools for（fractal） ArcGIS 9 工具计算径流系列分维数。

在 ArcMap 中加载 Hawth's Analysis Tools 工具，单击 HawthsTools—Analysis Tools——Line Metrics，打开 Line Metrics 对话框，选择输入图层，在 Metric 中选择

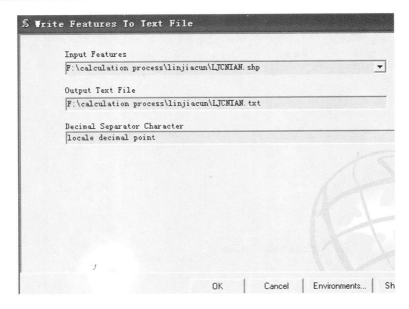

图 3-9　Write Features To Text File 对话框

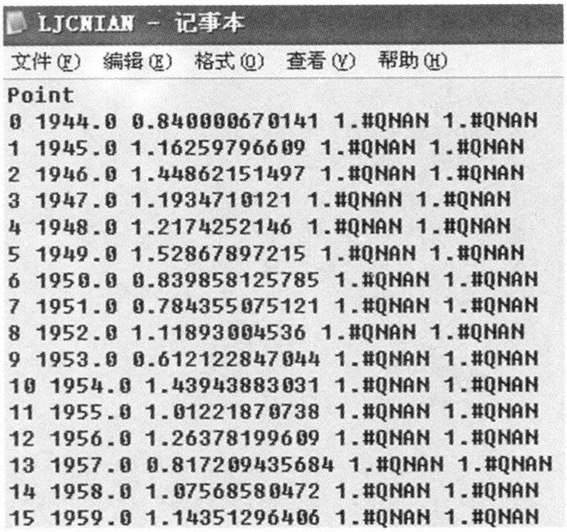

图 3-10　txt 文件输出格式示意图

Fractal Dimension,即可计算分维数。

　　打开线文件的属性表,即可查询水文系列分维值 FracDim。

3.2.4.2　计算结果

　　各水文站月、年径流分维数结果如表 3-2 所示。

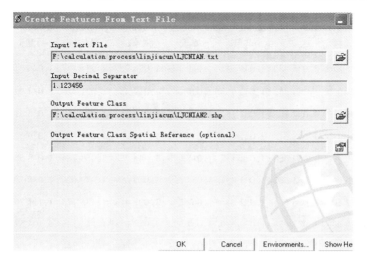

图 3-11　Create Features From Text File 对话框

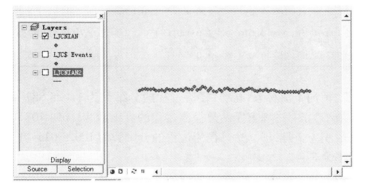

图 3-12　点文件示意图

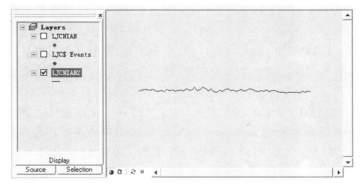

图 3-13　线文件示意图

表 3-2　各水文站月、年径流分维数计算

站名	林家村	魏家堡	华县	秦安	张家山	黑峪口	马渡王	罗敷堡
年径流	1.025 810	1.035 530	1.035 682	1.039 174	1.036 957	1.031 847	1.026 311	1.031 410
月径流 1 月	1.025 933	1.060 852	1.042 963	1.020 689	1.019 434	1.021 440	1.034 928	1.014 608
2 月	1.025 887	1.054 107	1.032 153	1.018 093	1.019 182	1.037 260	1.026 812	1.014 659
3 月	1.031 216	1.058 643	1.025 025	1.014 491	1.048 087	1.070 853	1.079 522	1.011 807
4 月	1.050 500	1.059 060	1.071 137	1.018 929	1.043 758	1.063 784	1.048 581	1.029 789
5 月	1.076 889	1.083 642	1.093 881	1.052 599	1.070 699	1.079 006	1.076 726	1.047 774
6 月	1.072 809	1.086 581	1.052 856	1.067 272	1.091 414	1.135 773	1.111 762	1.064 903
7 月	1.056 944	1.071 851	1.079 376	1.067 922	1.078 658	1.113 186	1.104 578	1.077 931
8 月	1.092 134	1.121 703	1.147 478	1.093 494	1.133 264	1.130 925	1.145 282	1.075 428
9 月	1.081 454	1.090 578	1.107 371	1.104 420	1.089 965	1.112 592	1.128 122	1.087 971
10 月	1.072 533	1.111 103	1.093 637	1.089 443	1.107 768	1.113 242	1.138 212	1.079 706
11 月	1.042 104	1.070 962	1.070 892	1.051 011	1.042 375	1.067 148	1.083 566	1.044 926
12 月	1.039 722	1.054 263	1.059 482	1.034 592	1.033 179	1.036 750	1.035 131	1.032 271

通过计算,渭河干流林家村站月径流过程的分维数为 1.025 887 ~ 1.092 134,最大为 8 月,最小为 2 月;魏家堡站月径流过程的分维数为1.054 107 ~ 1.121 703,最大为 8 月,最小为 2 月;华县站月径流过程的分维数为 1.025 025 ~ 1.147 478,最大为 8 月,最小为 3 月。

在各个支流中,北岸支流秦安站月径流过程的分维数为 1.014 491 ~ 1.104 420,最大为 9 月,最小为 3 月;张家山站月径流过程的分维数为1.019 182 ~ 1.133 264,最大为 8 月,最小为 2 月;南山支流黑峪口站月径流过程的分维数为 1.021 440 ~ 1.135 773,最大为 6 月,最小为 1 月;马渡王站月径流过程的分维数为 1.026 812 ~ 1.145 282,最大为 8 月,最小为 2 月;罗敷堡站月径流过程的分维数为 1.011 807 ~ 1.087 971,最大为 9 月,最小为 3 月。由此可知,各站月径流过程线的分维值是变化的,表明各月径流过程的复杂程度是不一样的。

月径流分维数在 1.01 ~ 1.15 变化,月径流过程变化在总体上相对来说不是很剧烈,说明各站月径流过程具有一定的相似性,即月径流过程存在分形特征。

由表 3-3 可以看出,计算站旬径流分维数为 1.010 884 ~ 1.150 316,变幅与月径流相近。

表 3-3　林家村、张家山、湫头站旬径流分维值计算

月份	林家村			张家山			湫头		
	上旬	中旬	下旬	上旬	中旬	下旬	上旬	中旬	下旬
1 月	1.027 065	1.026 971	1.027 909	1.026 225	1.027 825	1.031 974	1.018 242	1.018 861	1.013 983
2 月	1.026 087	1.029 564	1.027 511	1.026 009	1.025 700	1.027 232	1.013 153	1.017 907	1.017 71
3 月	1.032 677	1.039 112	1.038 848	1.023 380	1.016 929	1.021 972	1.010 884	1.012 831	1.019 273
4 月	1.054 171	1.054 892	1.078 126	1.020 410	1.025 421	1.038 845	1.019 985	1.038 113	1.037 511
5 月	1.072 688	1.109 581	1.106 873	1.037 940	1.057 096	1.105 179	1.029 892	1.053 629	1.092 758
6 月	1.081 882	1.074 180	1.129 226	1.079 326	1.075 239	1.129 185	1.076 234	1.096 825	1.108 831
7 月	1.117 590	1.091 624	1.087 198	1.130 899	1.123 366	1.105 095	1.118 405	1.129 245	1.117 233
8 月	1.101 485	1.131 536	1.139 343	1.138 117	1.118 494	1.146 230	1.087 148	1.117 193	1.123 320
9 月	1.100 836	1.121 586	1.072 966	1.135 426	1.150 316	1.101 718	1.111 534	1.120 253	1.090 080
10 月	1.075 601	1.084 234	1.059 828	1.100 107	1.120 872	1.087 305	1.083 149	1.090 495	1.085 089
11 月	1.042 078	1.040 372	1.043 107	1.071 410	1.053 809	1.047 896	1.058 574	1.039 841	1.039 823
12 月	1.043 976	1.035 973	1.030 912	1.048 727	1.041 942	1.035 742	1.039 959	1.029 879	1.025 514

3.3　数据分析

3.3.1　渭河干流林家村、魏家堡、华县三站月径流分维数比较

3.3.1.1　水文站分维数与径流变化趋势分析——以林家村站为例

图 3-14 为林家村站 1 月和 8 月径流随年份变化趋势。由图可知,8 月平均流量过程线比 1 月的复杂,这与其相应分维数(8 月分维数为 1.092 134,而 1 月分维数为 1.025 933)是一致的。也就是说,径流过程越复杂,相应的分维值越大。

分析其原因:8 月属渭河流域汛期,其河道径流受上游来水量和降雨影响,其变化过程会发生显著变化,而 1 月为枯水期,一般情况下,河道径流无明显变化,其过程线变化相对平缓,由此引起的不仅是 8 月流量大于 1 月,而且其不同年 8 月的月径流变化趋势远复杂于 1 月,最终表现在两个月分维数大小的差异。

通过分析,月平均流量过程可以看成一种分形,分维数的大小可以表征流量过程线变化的复杂程度,分维数越大,说明过程变化越复杂。

以林家村站为例,分析该站分维数随月份变化情况。如图 3-15 所示,1、2 月分维数趋于平稳,3~5 月呈上升趋势,然后下降,到 7 月下降到波谷,8 月以后呈下降趋势。

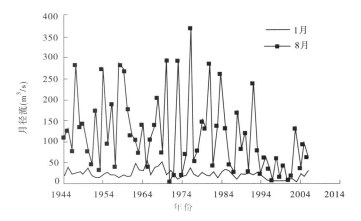

图 3-14　林家村站不同年 1 月、8 月径流变化趋势

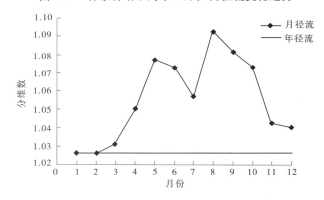

图 3-15　林家村站年、月径流分维数变化

总体而言,结合表 3-2 分析,干流站 1 ~ 4 月、11 ~ 12 月分维数较小,而 5 ~ 10 月分维值较大。引起分维值差异的原因,是该站月径流过程的变化:在 1 ~ 4 月、11 ~ 12 月间不同年份月径流差异变化不大,而 5 ~ 10 月不同年份的月径流变动则较其他月份明显。由此看出,5 ~ 10 月不同年份的月径流变化过程相对其他月份复杂。

由图 3-15 可以看出,林家村站年径流分维数(1.025 810)明显小于其月径流分维数,这是由于受流域总体气候特征对径流过程的决定性影响,年径流序列变化的复杂程度不可避免地有所简化。

3.3.1.2　干流上下游站(林家村、魏家堡、华县)径流分维数变化特征

由图 3-16 可以看出,上游林家村站分维数相对其下游两个站分维数较小;林家村站与魏家堡站分维数随月份变化趋势基本一致,这是由于两站相距较近,气候及下垫面条件相同,两站之间也没有大的支流汇入,月径流变化趋势相差不

大;但魏家堡站分维数值略大于林家村站,表明魏家堡站受其他因素,如两站之间的支流来水等的影响,径流过程较林家村站复杂。华县站相对其他两站变幅减小,分维数变动趋于平缓,这是由于该站位于渭河干流下游,渭河支流大多集中于其上游,受支流来水、流域控制区域人类活动等多方因素的影响,经过各方因素调节,径流过程趋于平稳,分维值变化相对其他两站平缓。

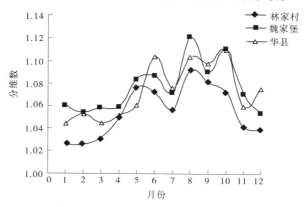

图 3-16   干流水文站月径流分维数变化

总体比较,干流三站分维数波动幅度相似。

3.3.2   渭河流域干支流分维数比较

3.3.2.1   干、支流(秦安与林家村、张家山与华县、黑峪口与华县)分维数比较

林家村站位于渭河干流,秦安站位于林家村上游的渭河支流。由图 3-17 可知,两站 1~3 月分维数较其他月份小,两站分维数最大值均为 8 月,这是由于 1~3 月流域处于枯水期,径流量小且流量过程较简单,8 月来水差异大,流量过程线复杂。

支流秦安站波动幅度较干流林家村站大,起伏明显,是因为支流结构简单,调节能力差,而干流径流影响因素复杂,流域径流调节能力强。

与图 3-18 类似,支流张家山站与干流华县站分维数最小值发生于 3 月,而 9、10 月分维值都较大,且两站最大值相近。两站 1~4 月、12 月径流分维值相差较大,5~11 月分维值相近,且分维数值大。

张家山站 4~9 月分维值呈上升趋势,说明在此期间,径流过程趋于复杂;9~12 月分维值呈下降趋势,说明其径流过程逐渐变得简单。华县站 1~10 月分维数变化平稳,只在 7 月突然下降,然后在 1.1 上下浮动。说明该站除 7 月外,径流过程变化趋势稳定变化。

黑峪口站位于南山支流,华县站位于其下游渭河干流。图 3-19 表明,不同

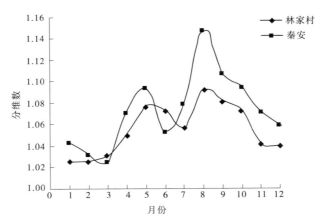

图 3-17　林家村站与秦安站月径流分维数变化

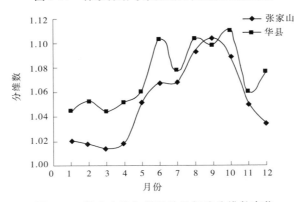

图 3-18　张家山站与华县站月径流分维数变化

月份黑峪口站和华县站月径流分维值差别不大,存在非常显著的相似性,且不同月份维数变化趋势基本一致。

但引起其分维数相似的原因可能不同:黑峪口站所在的黑河为渭河南岸较大支流,发源于秦岭太白山北麓。黑峪口以上为秦岭林区,流域内植被良好,森林覆盖率为46.5%,流域具有较好的径流调节能力。而华县则位于渭河干流下游,其径流调节依靠的是其上游支流及人为因素的影响。

3.3.2.2　北岸支流各站分维数比较

从图3-20可看出,北岸支流张家山站和湫头站月分维数曲线变化趋势一致性较好,分维数随月份平稳变化,1~3月分维数略微下降,从4月开始呈上升趋势,中间有微小变化,但变化不大,到9月达到最大值后,开始出现下降趋势,直至12月。

秦安站分维数曲线起伏和波动较大,与其他两站差异明显。这是由于秦安

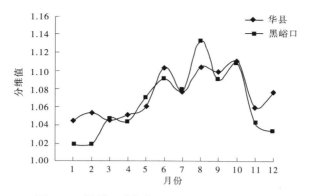

图 3-19　黑峪口站与华县站月径流分维数变化

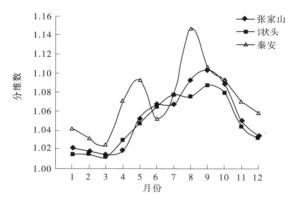

图 3-20　北岸支流月径流分维数变化

站位于上游支流葫芦河上,葫芦河全长 296.3 km,流域面积 10 652.5 km²;而张家山站和洑头站分别位于泾河、洛河上,泾河河长 455.1 km,流域面积 4.54 万 km²,占渭河流域面积的 33.7%,是渭河最大支流;洛河河长 680 km,流域面积 2.69 万 km²,是渭河第二大支流。

3.3.2.3　南山支流各站分维数比较

南山支流各站分维数曲线变化趋势基本一致,无明显差异,1~8 月分维数整体呈上升,8~12 月分维数则不断降低(见图 3-21)。这与以上三站均发源于秦岭北坡有重要关系。

黑河流域干流河道平均比降 8.77‰,支流多汇集于右岸,右岸支流集水面积约为左岸的 3 倍。马渡王所在的灞河河流平均坡降 5.8‰。两站同发源于秦岭北麓,流域地形地貌、森林覆盖率、河道比降等都有相似之处。

总体而言,6~10 月分维数较大,而其他月份分维值较小。

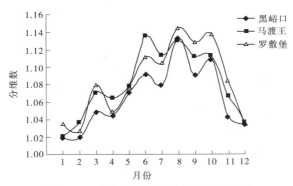

图 3-21　南山支流月径流分维数变化图

3.3.2.4　南山支流与北山支流(黑峪口与张家山、罗敷堡与洑头)分维数比较

渭河北岸支流多发源于黄土丘陵和黄土高原,相对源远流长,但数量较少,比降较小,含沙量大,以悬移质为主,是渭河的主要来沙支流;南山支流均发源于秦岭山区,源短流急,谷狭坡陡,径流较丰,含沙量小,泥沙以推移质为主。

黑峪口站与罗敷堡站同处于南岸支流,发源于秦岭山区,张家山站与洑头站则位于北岸支流,发源于黄土沟壑区。

从图 3-22、图 3-23 可以明显看出,北岸支流的月径流过程分维数总体略小于南岸支流分维数,且北岸支流分维数呈平稳变化趋势,而南山支流分维数曲线波动大,起伏明显。这与南岸支流流域为山地,地形复杂程度高于北岸支流的黄土塬区和残塬区有关。

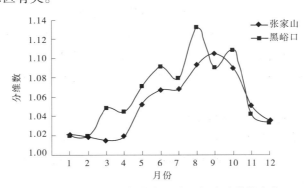

图 3-22　黑峪口站与张家山站月径流分维数变化

另一方面,张家山站和洑头站分别位于渭河第一大支流与第二大支流上,其支流控制流域面积大(分别占渭河流域面积的 33.7% 和 20%),影响因素多,对流域调节能力强;而黑峪口站和罗敷堡站虽发源于秦岭山区,但流域较小,径流影响因素少,调节能力差。

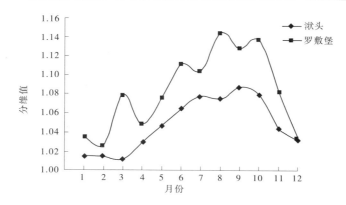

图 3-23 罗敷堡站与狱头站月径流分维数变化

3.3.3 林家村、张家山、狱头站旬分维数比较

由图 3-24 可以看出,1～3 月及 11、12 月林家村站上、中、下三旬及月径流分维数相近,且相对其他月份分维数较小,5～9 月旬、月径流分维数变化幅度较大。旬、月径流分维数在 5～9 月均有明显变化。

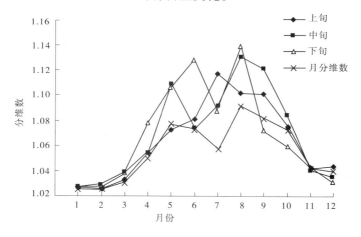

图 3-24 林家村站旬、月径流分维数比较

月径流分维数相对变化平缓,但总体来说,旬径流分维线与月径流分维线变化趋势一致。

对张家山和狱头站而言,上、中旬分维数总体变化趋势一致,但狱头站 1～10 月中旬分维数略高于上旬(见图 3-25、图 3-26)。

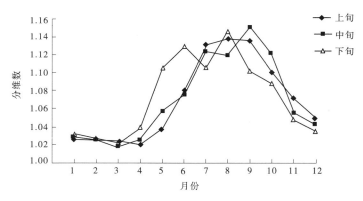

图 3-25   张家山站旬分维数比较

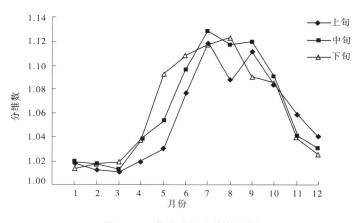

图 3-26   洑头站旬分维数比较

3.4   小结

（1）通过对林家村站不同年份 1 月和 8 月径流过程线的分析,表明月径流过程具有一定的相似性,可认为其有分形特征;径流过程越复杂,相应的分维值越大;反之,分维数越大,径流过程越复杂,同样成立。分维数可以用来表征径流的复杂程度。

（2）月径流分维数最大值通常发生在 8 月或 9 月,最小值则发生在 2 月或 3 月。表明,8、9 月径流过程复杂程度高,2、3 月径流过程简单,这显然与本区 8、9 月是汛期,雨洪量变动剧烈有关,而 2、3 月降水较少,径流变化幅度较小,分维数自然就不大。

（3）受流域总体气候特征对径流过程的决定性影响,年径流变化过程的复杂程度相对月径流过程有所简化,导致年径流分维数通常小于月径流分维数。总体而言,干流和北岸支流 5 ~ 10 月分维数较大,且波动明显,说明 5 ~ 10 月,这些站点控制流域河川径流过程变化复杂,且不同月之间差异较大。其他月份分维数较小,变化不大。南山支流分维数的变化主要集中在 3 ~ 10 月。

（4）一般来说,干流站分维数变化比支流站平缓,变幅也相对小。这是因为干流径流影响因素复杂,各因素的正负向抵消作用发生概率大,且对支流来水的混合与调节能力强,而支流结构简单,调节能力差。这一道理,也可解释支流上,较大流域比小流域径流过程分维数小。

虽然南山支流黑峪口站与干流华县站月径流变化趋势一致,但其原因可能不同:黑峪口站主要依靠流域内植被调节径流,华县站径流调节则依靠的是其上游支流及人为因素的影响。

（5）支流小流域分维值与流域分维值差异明显,且波动剧烈。说明小径流调节能力弱,流量过程复杂,而大流域径流影响因素多,综合调节能力强,径流过程相对简单。

3.5　洛河水系的分形特征研究

3.5.1　研究内容

本书以 1∶1 000 000 的陕西省地形图为底图,通过扫描,形成矢量图,然后应用分形理论,研究洛河水系的分形特征,根据洛河水系的分维数,推求该水系的流水地貌发育阶段。

3.5.2　研究意义

分形几何揭示了自然分形的无标度性或自相似性,分形体的特征量是分维数,它是对自然界复杂几何形态的一种定量描述。水系分维所能代表或隐含的物理或地质意义一直是人们所关注和研究的课题。一般认为,水系分维反映了河道分布的复杂程度或者说水系的发育程度。

20 世纪 90 年代初,杨太华等应用遥感技术,结合野外调查,研究了曹渡河流域水系的分形分维,初步建立起岩溶区流域水系的计算机扫描程序。首次推算出岩溶地貌斜坡带曹渡河流域的分数维值为 1.54。通过两条小流域的对比研究,初步总结出不同地貌类型、不同地貌形态、不同地质构造和水文地质条件与水系分数值的关系。

　　到了 21 世纪,王秀春,吴姗等应用地理信息系统(GIS)提取河流信息,并在此基础上改进了传统的计盒方法,将其应用于泾河流域水系分形分析。同时探讨了分维数同流域地形、地貌、侵蚀程度、植被因子之间的相互关系,为流域水文学提供了新的研究方法。

　　作为渭河的第二大支流,洛河具有黄土地区河流的典型水系特征,对其进行分形研究,对研究整个黄土地区水系的生成模式、沟谷的发育趋势以及进一步的水土保持措施的制定都具有重要的指导意义。同时,运用 GIS 技术展开对目标水系的分形特点(分维数)研究,也是将新技术、新方法引入水文研究,促进流域产、汇流计算过程精确化、准确化的重要步骤。

3.5.3　研究方法

　　基于 Horton 定理的分维估算通常较为复杂,且它仅适用于水系充分发育的情况下,因此本书主要利用分形理论的定义,采用网格法,计算洛河水系的分维数(见图 3-27)。

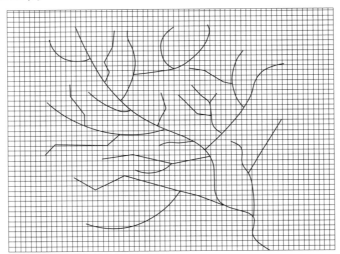

图 3-27　网格法示意图

　　网格法的具体做法如下:将一个矩形覆盖在研究对象上,这时矩形肯定是非空的,非空网格数为 1。将矩形的边长二等分,即矩形四等分,得到 4 个网格,覆盖在研究对象上,数出此时的非空网格数为 $N(1/2)$。再将矩形的边长四等分,即矩形 16 等分,得到 16 个网格,得到的非空网格数为 $N(1/2^2)$。对矩形不断的细分,一直进行到对矩形的边长 2^n 等分,即矩形 4^n 等分时,得到 4^n 个网格,非空网格数为 $N(1/2^n)$。这里,$1/2,1/2^2,\cdots,1/2^n$ 为网格的尺度,n 被看成是等分的等级。于是,得到 n 对尺度和非空网格数的数据。

网格法的第二步是考察这 n 对数据是否满足负幂函数关系 $N(\delta)\propto\delta^{-D}$,以计算网格维数。因为负幂函数关系等价于对数线性关系,所以将数据标绘在双对数坐标系上,观察它们的分布是否成一直线。若其分布呈线性,则尺度和非空网格数满足负幂律关系。可用最小二乘法计算分维,得到的回归直线的斜率的绝对值就是网格维数。

3.5.4　研究工具与步骤

3.5.4.1　研究工具

1)R2V 软件

Raster2Vector 5. X (R2V) for Windows (9X, NT, 2000, ME, XP)是一款高级光栅图矢量化软件系统。该软件系统将强有力的智能自动数字化技术与方便易用的菜单驱动图形用户界面有机地结合到 Windows 环境中,为用户提供了全面的自动化光栅图像到矢量图形的转换,可处理多种格式的光栅(扫描)图像,是一个可以用扫描光栅图像为背景的矢量编辑工具。由于该软件良好的适应性和高精确度,非常适合于 GIS、制作地形图、CAD 及科学计算等应用。

R2V 的优势在于其强大的全自动化或交互跟踪矢量化的功能,所以在实际应用中,一般用 R2V 进行矢量化和初步编辑工作。

以下详细介绍利用 R2V 软件进行矢量化处理的步骤:

(1)在 R2V 中打开待矢量化的图片(见图 3-28,以陕西省地图为例),然后打开图层管理器,新建干、支流图层,确定开关层、选择当前层、修改图层颜色、线性,并在“文件”→“图层”→“保存图层”中依次保存干、支流图层。

(2)点击工具栏中的“线段编辑”→“新线段”,对图片中需矢量化区域进行矢量化。

(3)保存方案。选择“文件”→“保存方案”,弹出“另存为”对话框,保存方案。修改方案时,可在 R2V 中打开“文件”→“打开图像或方案”,选择方案所在路径,打开方案,直接修改。

(4)矢量化完成后,点击菜单“文件”→“输出矢量”,打开“另存为”对话框。选择文件保存类型为“. shp”,输入文件名,最后点击保存。这样就得到所需的矢量图。

2)ArcView

ArcView 是美国 ESRI(环境系统研究所)的 GIS 产品,是新一代桌面地理信

图 3-28　R2V 用户界面

息系统的代表,其方便、灵活、操作简单、通用性强,特别适用于地理信息系统应用的普及和对传统信息系统的 GIS 化,以技术可靠、算法先进、实用性强而著称。

　　ArcView 采用了可扩充的结构设计,整个系统由基本模块和可扩充功能模块构成。其基本模块包括对视图(Views)、表格(Tabies)、图表(Charts)、图版(Layouts)和脚本(ScriPts)的管理。可扩充的功能模块包括空间分析(Spetial Analyst)模块、网络分析(NetWork Analysis)模块、三维分析(3D Analysis)模块、绘图输出(ArcPress for ArcView)模块、影像分析(Image Analyst for ArcView)模块、追踪分析(Tracking Analyst for ArcView)模块、因特网地图发布(ArcView Internet Map Server)模块等,随着功能更为完善、使用更为方便的 ArcView 新版本的推出,可扩充功能模块的数量也会进一步增加,用户根据需要可以装载这些可扩充模块。当用户加入一个可扩充功能模块时,该功能自动地以图形用户界面中的工具形式体现出来,这为用户有选择地使用这些可扩充功能模块提供了方便。

　　本书中主要应用 ArcView 的空间分析模块,查询、分析基于栅格的非空网格数。

3.5.4.2　研究步骤

　　利用 ArcView 软件处理矢量图,并进行空间分析是本书的一个重要过程。研究之前需要扫描原图,并将其保存为 JPG 格式,图 3-29 显示了水系分维计算技术流程。

图 3-29　水系分维计算技术流程

3.5.5　网格法计算洛河水系盒维数

3.5.5.1　网格法计算过程

将 1∶1 000 000 的陕西省地图扫描后,保存为 JPG 格式图片,然后在 photo-shop 中对图片进行裁剪,利用 R2V 软件对裁减后的图形进行矢量化,输出矢量,得到洛河水系矢量图(见图 3-30)。

图 3-30　洛河水系矢量图

在 ArvView GIS 中,将洛河水系矢量图转化为栅格类型,进行网格分析。图 3-31 ~ 图 3-42 为不同正方形网格长度所对应的洛河水系栅格图。

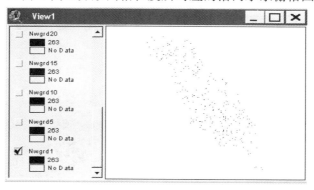

图 3-31　正方形网格长度为 1 时的洛河水系栅格图

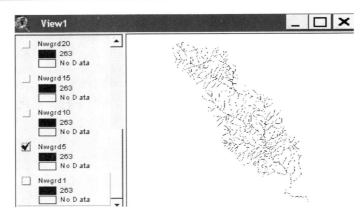

图 3-32　正方形网格长度为 5 时的洛河水系栅格图

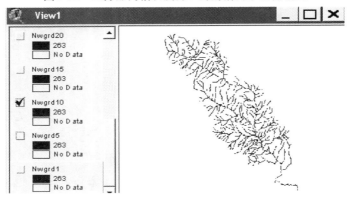

图 3-33　正方形网格长度为 10 时的洛河水系栅格图

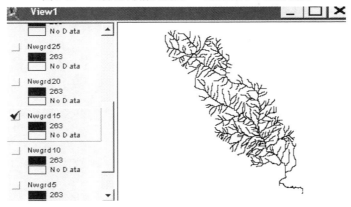

图 3-34　正方形网格长度为 15 时的洛河水系栅格图

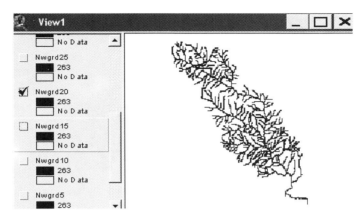

图 3-35   正方形网格长度为 20 时的洛河水系栅格图

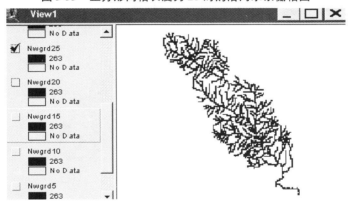

图 3-36   正方形网格长度为 25 时的洛河水系栅格图

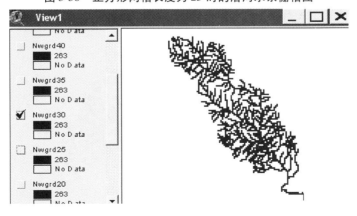

图 3-37   正方形网格长度为 30 时的洛河水系栅格图

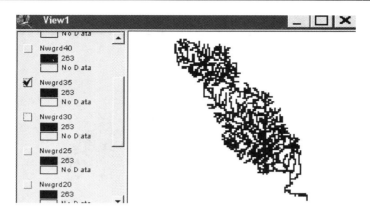

图 3-38　　正方形网格长度为 35 时的洛河水系栅格图

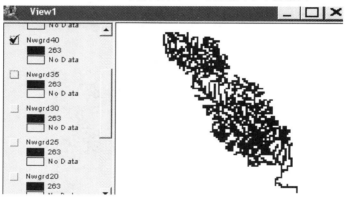

图 3-39　　正方形网格长度为 40 时的洛河水系栅格图

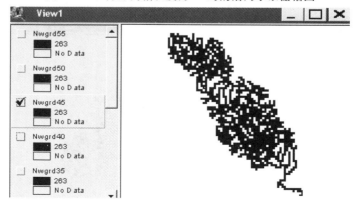

图 3-40　　正方形网格长度为 45 时的洛河水系栅格图

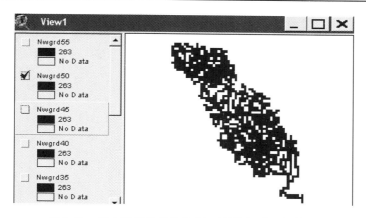

图 3-41　正方形网格长度为 50 时的洛河水系栅格图

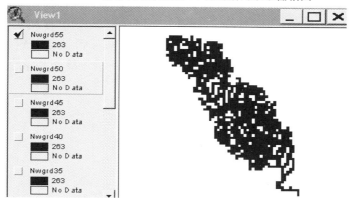

图 3-42　正方形网格长度为 55 时洛河水系栅格图

3.5.5.2　数据处理

在 ArcCiew 的主题表属性中查询不同正方形网格长度 ε 所对应的覆盖有被测水系的网格数 $N(\varepsilon)$,并分别对其取对数,结果如表 3-4 所示。

表 3-4　正方形网格长度及覆盖有被测水系的网格数

正方形网格 长度 ε	水系所覆盖的网格数 $N(\varepsilon)$	$\lg\varepsilon$	$\lg N(\varepsilon)$
1	69 679	0.00	4.84
5	13 855	0.70	4.14
10	6 880	1.00	3.84
15	4 545	1.18	3.66
20	3 340	1.30	3.52
25	2 624	1.40	3.42

续表 3-4

正方形网格 长度 ε	水系所覆盖的网格数 $N(\varepsilon)$	$\lg\varepsilon$	$\lg N(\varepsilon)$
30	2 153	1.48	3.33
35	1 789	1.54	3.25
40	1 531	1.60	3.18
45	1 309	1.65	3.12
50	1 128	1.70	3.05
55	1 002	1.74	3.00

在 Excel 中生成趋势线（见图 3-43），得到公式 $\lg N(\varepsilon) = -1.053\ 8\lg\varepsilon + 4.873$，相关系数 $R^2 = 0.998\ 2$。利用相关系数检验法对线性回归进行显著性检验：取显著水平 $\alpha = 0.01$，按自由度 $n - 2 = 12 - 2 = 10$ 查相关系数表，得 $R_{0.01}(10) = 0.707\ 9$。由于 $|R| = 0.999\ 1 > R_{0.01}(10)$，故认为 $\lg N(\varepsilon)$ 与 $\lg\varepsilon$ 之间的线性回归极显著。即 $\lg N(\varepsilon) = -1.053\ 8\ \lg\varepsilon + 4.873$ 可以表达 $\lg N(\varepsilon)$ 与 $\lg\varepsilon$ 之间存在的线性相关关系。

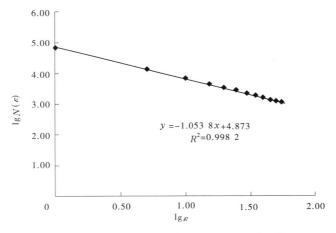

$$y = -1.053\ 8x + 4.873$$
$$R^2 = 0.998\ 2$$

图 3-43　洛河水系的 $\lg N(\varepsilon) \sim \lg\varepsilon$ 关系线

根据分形理论公式 $\lg N(\varepsilon) = -D\lg\varepsilon + A$，得到洛河水系分维数为：

$$D = 1.053\ 8$$

3.5.6　结论

3.5.6.1　合理性分析

冯平、冯焱在《河流形态特征的分维计算方法》一文指出，水系的分维应介于 1.0 与 2.0 之间。本书计算得到的洛河水系的分维数为 1.053 8,介于 1.0 与 2.0 之间,所以该结果是合理的。

3.5.6.2　结论

一般认为,水系分维数反映了河道分布的复杂程度或者说水系的发育程度。何隆华等提出以水系分维数 D 来划分流域地貌侵蚀发育阶段的方法:当 $D \leqslant 1.6$ 时,流域地貌处于侵蚀发育阶段的幼年期,此时水系尚未充分发育,河网密度小,地面比较完整,河流深切侵蚀剧烈;D 越接近 1.6,流域地貌越趋于幼年晚期,河流下蚀作用逐渐减弱,旁蚀作用加强,地面分割得越来越破碎,此时地势起伏最大,地面最为破碎、崎岖;地貌发展到 $D = 1.6$ 这个时期,标志幼年期的结束,壮年期的开始;当 $1.6 < D \leqslant 1.9$ 时,流域地貌处于侵蚀发育阶段的壮年期,此时地势起伏较大、地面切割得支离破碎,崎岖不平;当 $1.9 < D \leqslant 2.0$ 时,流域地貌处于侵蚀发育的老年期,地势起伏微缓,形成宽广的谷底平原。

根据以上划分流域地貌发育阶段的定量化指标,可知洛河水系尚处于地貌发育的幼年期。

第 4 章　径流过程的分形特征与生态环境的关系

4.1　径流分维数与流域生态环境的关系

4.1.1　基本数据收集与计算

分维数反映了径流过程线的复杂程度,而植被对河川径流有很大的调节作用,植被能够涵养水源,减少洪水流量,增加枯水期流量;植被覆盖率高,使径流过程线趋于平缓,变得简单,径流过程的分维数将变小。而植被覆盖率的大小又是一个地区生态环境优劣的重要指标。一般来说,植被覆盖率高,生态环境优良,反之生态环境不佳。

本书收集到 20 世纪 80 年代初(代表 1980 年)、90 年代初(代表 1990 年)和2000 年三个典型时期渭河流域相关土地利用数据(陈磊等,2009),其中统计了耕地、林地、草地、水域、建设用地和未利用土地 6 大类土地利用类型,本书以林地和草地面积比作为植被覆盖率指标,如表 4-1 所示。

表 4-1　渭河流域不同年代土地利用/覆被面积构成及其变化净值

地类	面积(万 km²)			面积百分比(%)			面积变化净值(万 km²)		
	1980	1990	2000	1980	1990	2000	1980 ~ 1990	1990 ~ 2000	1980 ~ 2000
耕地	7.275	6.421	5.922	53.95	47.62	43.92	− 0.854	− 0.499	− 1.353
林地	3.221	2.120	2.114	23.88	15.72	15.68	− 1.101	− 0.006	− 1.107
草地	2.891	4.637	4.985	21.44	34.39	36.97	+ 1.746	+ 0.348	+ 2.094
水域	0.046	0.065	0.099	0.34	0.48	0.73	+ 0.019	+ 0.034	+ 0.053
建设用地	0.040	0.221	0.341	0.30	1.64	2.53	+ 0.181	+ 0.120	+ 0.301
未利用地	0.012	0.021	0.024	0.09	0.15	0.18	+ 0.009	+ 0.003	+ 0.012

华县站位于渭河下游,控制渭河流域面积 106 498 km²,占渭河流域面积的

80%,其径流过程的变化基本可以反映渭河流域生态环境条件的状况变化。用华县站 1971～1980 年、1981～1990 年、1991～1999 年三个时段的月径流过程分维数代表渭河流域相应时段分形特征。计算三个典型时期渭河华县站月径流分维值,分别为 1.074 952、1.054 425、1.051 911。

4.1.2　森林覆盖率与分维数

对华县站而言,20 世纪 80 年代、90 年代森林覆盖率相近,相应流域分维数也表现为仅有微小变化。而 1971～1980 年森林覆盖率相对较大,月径流分维数则明显大于森林覆盖率小的时段(1981～1990 年、1991～1999 年)。在图 4-1 中,两者的相关关系表现得比较生硬,并非线状相关,而且出现了分维数随森林覆盖度的增大而增大的反常现象。

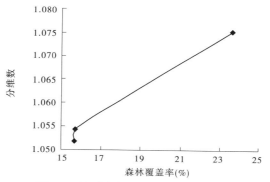

图 4-1　流域森林覆盖率与分维数关系

从两方面解释其原因:一方面,径流的变化是多种因素综合影响的结果,这些因素的影响作用又不完全一致,森林覆盖率与河川径流的关系,还与流域所处气候区及地形、地质、土壤等环境条件有关,所以两者不是线状相关的。另一方面,渭河干流的主要水量补给来自于北岸黄土区支流,而不是林地集中地秦岭山区的南山支流。所以,流域森林覆盖率大小与干流下游华县站河川径流变化剧烈程度的关系就显得更为复杂。

不过,可以预见的是,如果在北岸支流流域内大大提高森林覆盖率的话,华县站的径流过程将变得极为平缓,分维数可能会有显著的降低。

4.1.3　植被覆盖率与分维数

这里的植被覆盖率为流域内林地与草地面积之和占流域总面积的百分比。本书对渭河流域三个典型时段植被覆盖率与分维数之间的关系进行分析。

由图 4-2 可以看出,渭河流域三个典型时段月径流分维数随流域内植被覆盖率的增加而减小,而且这种变化的线性程度较高,月径流分维数变化对植被覆盖率变化(与前一种情况下的分维数变化程度相近,面积比从45.32%变动到52.65%)的反应更显得灵敏。

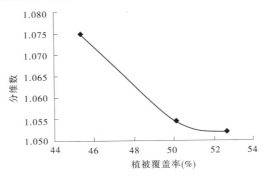

图 4-2　植被覆盖率与分维数关系

　　图 4-2 与图 4-1 所示的分维数变化与森林覆盖率的关系存在差异。分析其原因为:流域内主要草地面积分布于渭河流域北部关中平原区,关中平原区加上也有部分草地面积的渭北旱塬北部地区是北岸支流的主要流域。也就是说,在整个流域内,径流调节能力随北岸植被覆盖率的增大而增大的趋势较之森林覆盖率增大的影响更为明显,径流过程随植被覆盖率增大趋于简单化的过程更趋于线性化。

　　因此,结合北岸的气候、土质情况,选择适宜地区,适当扩大草地面积,不仅可以改善渭河流域北部的生态环境状况,还可以极大地增强对区域径流的调节作用。

4.1.4　林草地及耕地面积百分比与分维数

　　在渭河流域这样一个干旱、半干旱地区,作为人工植被的耕地,应该也在很大程度上影响着流域的径流过程。

　　由图 4-3 可知,将耕地面积比例增加到植被覆盖率后,月径流分维数变化虽然对植被覆盖率变化的反应比只考虑林草覆盖率更显得灵敏(与前两种情况下的分维数变化程度相近,而植被面积比从96.5%变动到99.5%),但其作用却是导致了径流过程分维数的增加。

　　究其原因,是北岸耕地的增加导致黄土地区地表土壤入渗能力急剧下降,流域环境对径流的容、蓄能力减弱,进入河道的径流随降雨量的变化发生迅速的响应,增大了径流变化的剧烈程度。

　　另外根据相关研究可知(张勇等,2002),北岸支流流域中黄土沟壑区耕地

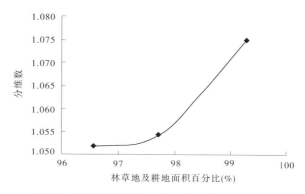

图 4-3　林草地及耕地面积百分比与分维数关系

面积要大于渭北旱塬的塬区和残塬区,所以相应耕地面积的增加对河川径流平稳性的反面作用得到了加强。可见,从平抑径流变化和改善生态环境条件的角度出发,对流域北部的耕地,尤其是沟壑地区的耕地应该尽快实施退耕还林还草。

4.2　小结

(1)通过对渭河流域干支流站年、月径流过程线的分析,表明干支流各站月径流过程有相似性,具有分形特征;径流过程越复杂,相应的分维值越大。径流分维数可以用来表征径流的复杂程度。

(2)通过计算得到不同典型时段流域径流分维数,径流分维数与林地、草地及耕地面积占流域总面积百分比之间的关系见表 4-2。

表 4-2　渭河流域不同年段植被类型与径流分维数关系

时段	林地(%)	林草地(%)	林草地及耕地(%)	分维数
1971 ~ 1980	23.5	45.32	99.27	1.074 952
1981 ~ 1990	15.72	50.11	97.73	1.054 425
1991 ~ 1999	15.68	52.65	96.57	1.057 911

(3)针对渭河流域径流分维数与林地、草地及耕地面积占流域总面积百分比之间的关系,结合流域气候和地形地貌特征,本区河川径流变动的平抑和生态环境的改善措施,应落脚于在北岸地区广泛实施还林还草上。

研究表明,在渭河流域北岸地区实施还林还草,不仅可以改善生态环境状况,对径流变化剧烈程度的抑制作用也将十分显著。

（4）干、支流各站月径流分维数最大值通常发生在 7、8 月或 9 月,最小值则发生在 2 月或 3 月。表明 7、8、9 月径流过程复杂程度高,2、3 月径流过程简单,这显然与本区 7、8、9 月是汛期,雨洪量变动剧烈有关,而 2、3 月降水较少,径流变化幅度较小,分维数自然不大。

（5）受流域总体气候特征对径流过程的决定性影响,年径流变化过程的复杂程度相对月径流过程有所简化,导致年径流分维数通常小于月径流分维数。总体而言,干流和北岸支流 5 ~ 10 月分维数较大,且波动明显,说明 5 ~ 10 月,这些站点控制流域河川径流过程变化复杂,且不同月之间差异较大。其他月份分维数较小,变化不大。南山支流分维数的变化主要集中在 3 ~ 10 月。

（6）支流站分维值与干流站分维值差异明显,且波动剧烈。说明小流域径流调节能力弱,径流过程变化剧烈,而干流流域径流影响因素多,各因素作用结果相互容纳、抵消,加之上游支流错时、错量汇入及人为因素的影响,反映为综合调节能力强,径流过程较支流反而相对简单。

（7）流域水文站点的布设规模及地点,可以根据干、支流径流分形特征的相关关系进行数量和布局的优化,以节约成本,减小开支。但如何选择最优站点位置和最合理的布置规模,则需要利用更多的径流资料,进一步进行研究。

第5章　地下水空间分异特征研究区概况

5.1　简介

　　咸阳市地处陕西省关中平原中部,位于北纬34°12′~35°33′与东经107°39′~109°10′,北接甘肃,西连宝鸡、杨凌,东南与西安毗邻,东北与铜川、延安接壤,总土地面积10 197 km²。辖秦都区、渭城区、兴平市和泾阳、武功、三原、礼泉、乾县、永寿、彬县、长武、旬邑、淳化13个县(区、市)。

　　全市地势特点是西北高、东南低。西北部为深厚黄土覆盖的黄土高原,海拔800~1 400 m,约占全市总土地面积的64.4%。东南部则为平坦开阔的黄土台塬及冲积平原,海拔400~800 m,占全市总土地面积的35.6%。地貌特征明显,从北向南,依次可划分为五个大的地貌类型,即马栏山地区、高塬沟壑区、丘陵沟壑区、黄土台塬区及河流阶地区。

　　咸阳市开发利用地下水的历史悠久,新中国成立初期,全市共有供水水井19 882眼。其中,工业自备井1 968眼,供水能力11 009万 m³;自来水水源井251眼,供水能力2 997.83万 m³;农用井16 093眼,供水能力57 954.5万 m³;其他供水水井1 570眼。新中国成立后,随着社会经济的快速发展和国家对水利事业的重视,地下水开发事业得到了更快的发展,从20世纪60年代开始,到70年代的机井建设高潮,井灌对咸阳市抗旱和节灌工作发挥了重要作用。

　　2005年全市实际供水总量为96 872.1万 m³,其中地表水源供水量为39 921万 m³,占全市总供水量的41.2%;地下水水源工程(农灌机井和非农灌机井)供水56 280万 m³,占全市总供水量的58.1%,其他水源供水总量为671.08万 m³,占全市总供水量的0.7%。由此可见,地下水的开发利用在全市农田灌溉、城市生活及工业供水中仍占有很大比重。

　　全市有宝鸡峡灌区、羊毛湾水库灌区和泾惠渠灌区共三个大型灌区。

　　其中,宝鸡峡灌区位于关中西部,东西长181 km,南北宽14 km,按地形特点和灌溉渠系布置,全灌区分为塬上灌区和塬下灌区两部分。塬下灌区为渭河阶地区,占灌区面积的29.6%,塬上灌区为渭北黄土台塬区,占灌区面积的70.4%,塬上、塬下灌区地形高差近200 m,地势西北高、东南低,坡度1/50~1/150。

　　宝鸡峡灌区以渭河为水源,塬上灌区从宝鸡峡林家村引水,塬下灌区从魏家堡引水,渭河林家村多年平均径流量 23.79 亿 m³,魏家堡站多年平均径流量 34.6 亿 m³。

宝鸡峡灌区地跨宝鸡、咸阳、杨凌、西安 4 个地级以上市(区),包括 14 个县 97 个乡(镇),总人口 217.2 万人,其中农业人口 189.20 万人,总土地面积 353.30 万亩,设施灌溉面积 291.56 万亩,有效灌溉面积 284.83 万亩,2000 年灌区粮食总产量 12.01 亿 kg,农业总产值 33.4 亿元,国内生产总值 199.9 亿元。

研究选取宝鸡峡灌区咸阳段共五个县(区),即咸阳市区(包括秦都区和渭城区)、兴平市、乾县、礼泉县、武功县。

5.2　研究区地理位置

研究区位于咸阳市南部,渭河干流以北、泾河以西,包括了秦都区、渭城区、兴平市、乾县、礼泉县、武功县(见图 5-1)。

图 5-1　宝鸡峡灌区咸阳段行政区域图

该区总土地面积 3 583 km²,其中平原和丘陵分别为 2 509 km² 和 1 074 km²,耕地面积 284.31 万亩,有效灌溉面积 226.51 万亩。2005 年底全区总人口 300.7 万人,其中农业人口 224.5 万,城市人口 76.2 万。工业总产值为 289.1 亿元。

5.3　气候条件

咸阳市属暖温带大陆性季风气候。全市多年平均气温 9.1~13.11 ℃,极端最高气温 42 ℃,极端最低气温 -28 ℃。早霜出现 10 月中旬,晚霜延至翌年 4

月下旬,无霜期北部 171～207 d,南部 212～225 d。全市多年平均降水量 560
mm,其中 7、8、9 月三个月降水量占全年降水量的一半以上;降水年际变化显著,
常出现旱涝交替和连续干旱状况。由于受大陆性季风气候制约,全市各种自然
灾害比较频繁,其中干旱最为严重,大旱约 3 年一遇,中旱 1 年一遇,小旱年均
1～2 次(陈益娥,2006),其次为暴雨、连阴雨、干热风及霜冻等。

　　作者计算了研究区 1986～1990 年、1991～2000 年、2002～2006 共三个时段
的逐旬平均降水量过程线分维数,在 ArcGIS 9.2 软件中将研究区内五县(区)降
水量按分维数大小分等级显示,降水量的分维数反映了降水量的时段变幅,变幅
越大,降水量的分维数也越大(见图 5-2～图 5-4)。

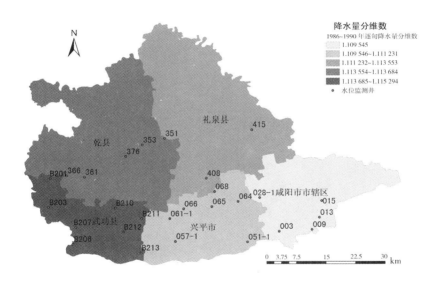

图 5-2　1986～1990 年逐旬降水量分维数区域等级

5.4　地形地貌条件

　　咸阳市地形呈西北高、东南低,由西北向东南倾斜。北部为黄土高原,海拔
一般在 800～1 400 m,占全市总面积的 64.4%;东南部为黄土台塬和河流冲积
平原区,海拔一般在 400～800 m,占全市总面积的 35.6%。在地貌类型上,咸阳
市由西北至东南,可明显分为三个大的地貌单元,即土石山区、黄土高塬区和泾
渭河台塬阶地区,黄土高塬区可进一步分为黄土高塬沟壑区和黄土丘陵沟壑区
两类,黄土丘陵沟壑区又可进一步分为三个各具特点的次一级类型区——永寿

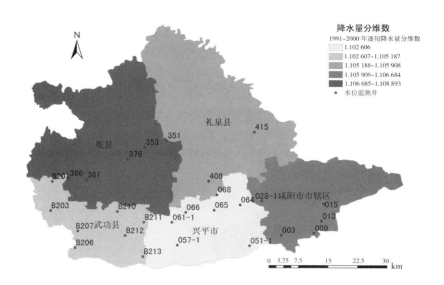

图 5-3　1991~2000 年逐旬降水量分维数区域等级

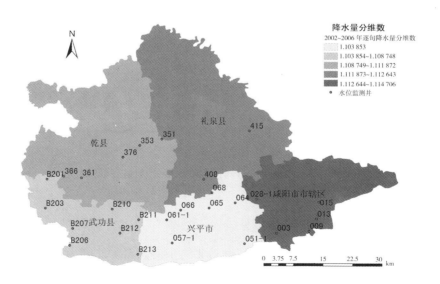

图 5-4　2002~2006 年逐旬降水量分维数区域等级

梁丘陵沟壑区,彬县—永寿泾西沿岸的残塬缓坡区,乾县、礼泉县北部斜塬缓
坡区。

　　研究区地貌主要由乾县礼泉县北部斜塬缓坡区、渭北黄土台塬区、泾渭河冲

积平原区组成。

乾县、礼泉县北部斜塬缓坡区也可称之为波状黄土台塬区,包括了乾县、礼泉北部,泾阳、三原的中低山区。总面积为 1 348.0 km^2。地貌特点以黄土残塬平地和缓坡地为主,塬面较完整,沟壑相对减少,但地表波状起伏,故缓坡地增多。区内除中低山区外,塬区高程一般在 700～1 000 m。

渭北黄土台塬区北界大致沿临平、张家山、口镇、新兴至马额一线,以黄土陡坎和冲积平原区构成明显分界。其南界泾西区以杨凌镇—武功—兴平—咸阳一线为界,泾东为王桥—石桥—蒋路至鲁桥和徐木一线,面积为 2 290.6 km,海拔在 430～700 m,主要以黄土台塬为主,地形由北向南倾斜,塬面宽阔平坦,沟谷稀少。

泾渭河冲积平原区北界与黄土台塬相接,南界渭河,在秦都区渭河南岸也有分布。主要为渭河、泾河和沣河一、二级阶地和高漫滩,面积为 1 383.1 km^2,海拔 370～500 m。区内地势低平,土地肥沃,在二级阶地之上见有 10 m 左右的黄土覆盖。

5.5　水资源状况

研究区属黄河流域渭河水系,区内有渭河及其一级支流泾河两大河流。渭河在咸阳以上控制面积为 46 827 km^2。多年平均径流量 54.73 亿 m^3。年平均流量 176.3 m^3/s。多年平均输沙量 1.69 亿 t。实测最大洪峰流量 7 220 m^3/s(1958 年 8 月 18 日),最小流量 3.4 m^3/s(1973 年 4 月 5 日)。渭河在咸阳市流域面积 3 763 km^2,占全市总面积的 37%。渭河从杨凌区李台乡永安村入境,流经武功县、兴平县、秦都区和渭城区,由渭城区正阳乡张旗寨出境。泾河流域面积 45 421 km^2,其中在市内流域面积 6 434 km^2,占全市总面积的 63%。泾河从长武县马寨乡汤渠村进入咸阳市,经长武、彬县、永寿、淳化、礼泉、泾阳,于泾阳县高庄乡桃园村出境。

咸阳市境内水资源总量为 69.88 亿 m^3,其中自产径流量 5.43 亿 m^3,地下水 3.66 亿 m^3(不重复部分),入境客水总量 60.79 亿 m^3,在水资源总量中属于咸阳市的部分为 9.09 亿 m^3。2005 年全市实际供水总量为 96 872.1 万 m^3,其中地表水源供水量为 39 921 万 m^3,占全市总供水量的 41.2%;地下水水源工程(农灌机井和非农灌机井)供水 56 280 万 m^3,占全市总供水量的 58.1%,其他水源供水总量为 671.08 万 m^3,占全市总供水量的 0.7%。地下水的开发利用在全市农田灌溉、城市生活及工业供水中仍占有很大比重。

第 6 章　地下水资料的前期处理

6.1　初期资料处理方法

初期资料处理包括研究区行政区划地图切割、建立水质监测井位图层及地下水水位监测井位图层、绘制地下水水位过程线及降水量过程线等步骤。

6.1.1　研究区行政区划图切割

原始资料地图(关中地区 1∶250 000 数字地图)为 ArcInfo 中的 .cov 格式(coverage)文件,由于制图和编辑的需要,先将其转换为 .shp(shapefile)格式:在 ArcMap 中🔻用 Add Data 工具加载原始地图,使用 ArcToolbox 中的 Conversion Tools→to shapefile,选择要素、设定属性之后输出为 .shp 格式。

用工具栏中🔲 Select Features(选择要素)工具,选择所需要的区域,即研究区包括的咸阳市区、兴平市、乾县、礼泉县、武功县,选择同时按 Shift 键可实现多选,选好的五个区域呈高亮显示。在内容表中选中该图层单击右键→Selection→Creat Layer From Selected Features 即可创建只包含研究区的图形(.shp 格式),显示在内容表中,即创建了研究区的行政区划图的 .shp 格式文件。在其属性表底部单击 Options→Add Fields 添加字段“Name”,输入各行政区的名称,右键单击内容表中的行政区划图,勾选 Label Features,即可在图中显示对应行政区名称。

6.1.2　分别建立水质监测井位图层和地下水水位监测井位图层

建立水质和地下水水位监测井位的过程在 ArcGIS 中实际上就是建立点文件图层并编辑其属性的过程,二者方法相同,在此合并介绍。

这一过程需要先在 ArcCatalog 中建立 .shp 格式的点文件,再使用 ArcMap 中的 Editor 工具编辑点文件,将监测井的位置点绘到地图中,并添加相关属性。

首先打开 ArcCatalog,在左侧目录窗口中选定目标文件夹,单击右键→New→Shapefile,进入新建 Shapefile 对话框,定义 .shp 文件的名称及要素类别(Point),在对话框底部勾选 Coordinates will contain Z values. Used to store 3D data. 使之成为三维点文件→OK,结束创建。选中新创建的点文件,单击右键→Properties,在 Properties 对话框中选择 Fields 标签,出现字段编辑对话框,可在此新建或修改字段、选择数据类型、定义数据长度及精度。

返回 ArcMap,加载研究区行政区划图及井位点文件,在工具栏中选择 Editor →Start Editing,在 Task 列表中,显示为 Create New Feature,表示目前处于建立新要素任务状态,使用 ✎ Sketch Tool(任意线)工具输入点要素(井位),在地图区域单击右键→Absolute X,Y 工具可以按照经纬度(将度分秒格式换算为小数格式)输入井位,使用工具栏中 ▦ Attribute 工具修改井位编号、井口高程等初始属性,一个井位点定义完毕后,以此类推定义所有井位点,完成所有井位的输入和编辑后,使用 Editor→Save Editing 保存编辑结果,Editor→Stop Editing 结束编辑。

6.1.3　使用 AutoCAD 2004 绘制地下水水位过程线及降水量过程线

研究使用 AutoCAD 2004 软件绘制研究区不同年段逐旬地下水水位过程线和逐旬降水量过程线,并将绘制好的过程线载入 ArcMap 进行分维数的计算。

原始地下水观测资料中,重点监测井每日记录一次地下水埋深,普通监测井每 5 日记录一次地下水埋深,本研究中,先将埋深资料换算为水位,如式(6-1)所示,然后将换算好的地下水水位资料分年段制成逐旬地下水水位序列。

$$地下水水位 = 测井固定点高程 - 地下水埋深 \tag{6-1}$$

在使用 AutoCAD 绘制过程线之前,需要先在 Excel 中设计 AutoCAD 可以识别的二维数据组。如图 6-1 所示, 在 Excel 表中 AB 列表示"序号", AC 列表示

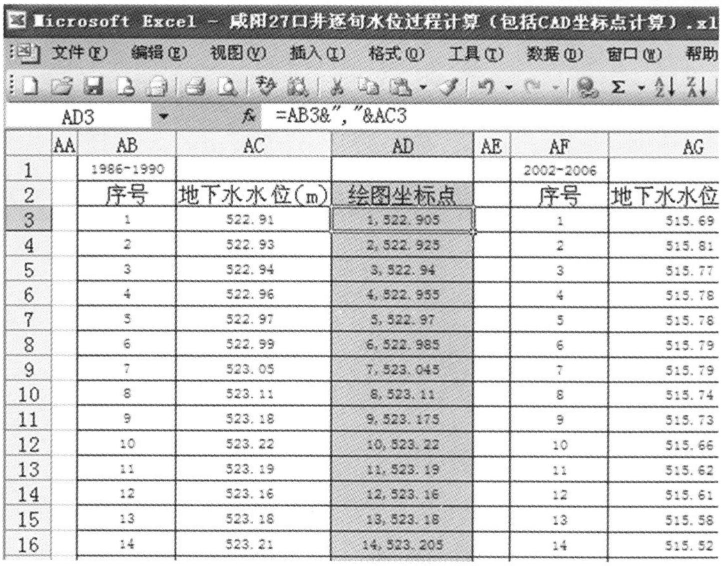

图 6-1　Excel 绘图数据表示意图

"地下水水位"。由于 AutoCAD 默认二维坐标点之间的分隔符为逗号(英文),AD3 单元格中输入：= AB3&" ,"&AC3,在 AD3 即生成一组二维坐标对。

在 AutoCAD 中,新建原点坐标系,横纵坐标均标准化,即以单位长度计。键入 PLINE 命令(多段线),然后将 Excel 表里已设计好的逐旬地下水水位数据序列复制到命令行中,则自动生成逐旬地下水水位过程线,如图 6-2 所示。

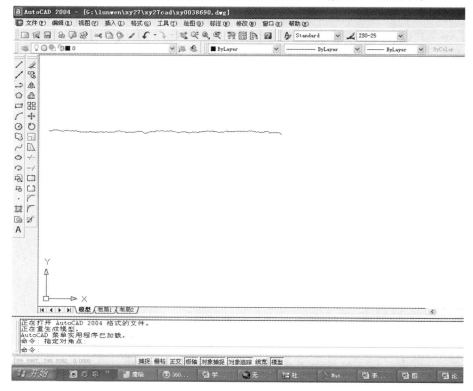

图 6-2　地下水水位过程线示意图

保存过程线时,应注意路径名中不能包含中文、空格、下划线等,否则将导致.dwg 图形在 ArcMap 中无法识别。

研究区不同年段逐旬降水量过程线的绘制与上述步骤相同,在此不再赘述。

6.2　水质空间分布分析方法

6.2.1　水质指标字段及指标值的添加

在点文件图层"水质监测井"的属性表底部单击 Options→Add Fields 添加字

段 pH 值、矿化度、总碱度、总硬度、HCO_3^-、CO_3^{2-}、SO_4^{2-}、Cl^-，添加时选择数据类型、定义数据长度及精度。在工具栏中选择 Editor→Start Editing，对属性表进行编辑，将 2003 年和 2006 年的以上水质指标值输入属性表，使用 Editor→Save Editing 保存编辑结果，Editor→Stop Editing 结束编辑。

6.2.2　采用 IDW 插值法绘制水质指标空间分布图

每一水质指标的空间分布图采用 ArcMap 中的 Spatial Analyst→Interpolate to Raster→Inverse Distance Weighted 工具(见图 6-3)，按 IDW 插值法内插得到。

图 6-3　IDW 工具位置示意图

IDW 插值法(Inverse Distance Weighted，距离倒数权重法)是通过计算以待插点为圆心，以 R 为半径的圆内诸点的加权平均值来确定插值，认为与待插点距离最近的若干个点对待插点值的贡献最大，其贡献与距离成反比，其内插的精度由已知点到内插点的距离来确定。可用下式表示：

$$Z = \frac{\sum_{i=1}^{n} \frac{1}{(D_i)^p} Z_i}{\sum_{i=1}^{n} \frac{1}{(D_i)^p}} \tag{6-2}$$

式中：Z 为估计值，Z_i 为第 $i(i=1,2,\cdots,n)$ 个样本值，D_i 是距离，p 是距离的幂，p 的值显著影响内插的结果，其选择标准是最小平均绝对误差，当 p 取 1 和 2 时，相应的方法称为反距离插值法与反距离平方插值法(佟玲,2007),本书选取 $p = 2$,即计算距离的权重为 2 次幂,相应地 IDW 工具参数设置对话框中 Power 项设置为 2;Number of points 设置为 12(计算每个栅格单元时用离它最近的 12 个样本点)。

6.3　地下水水位分时段逐月平均水位 TIN 表面图层绘制方法

TIN 的全称为 Triangulated Irregular Network(不规则三角形网络),它表达了地面高程、温度梯度等连续的表面。这一连续表面由一系列首尾相连的不规则三角面来表示。用分层设色来描述海拔,以及用渐变的颜色来模拟地球表面的太阳光照强度就是 TIN 应用的典型例子。给 TIN 表面赋予不同的颜色可以很容易地识别山脊、山谷、山坡以及它们的高度。用 TIN 可以帮助解释为什么其他的地图要素要在其特定的位置。

用 TIN 表面可以在地图上显示地形特征的高度、坡度及坡向等三种特征的任意一种表面,同时也可以用它来模拟山体阴影。

地下水位与高程相似,可以借用描述地形特征的"TIN 表面"来描述地下水水位的特征。

打开点要素文件"水位监测井"的属性表(内容表中单击右键→Open Attribute Table),底部单击 Options→Add Fields 添加有关的水位字段,并用 Editor 工具添加水位数据。

选用菜单 Tools→Extension...,加载 3D Analyst 扩展模块,勾选菜单 View→Toolbars→3D Analyst,调出 3D Analyst 工具条,选用 3D Analyst→Create→Modify TIN→Create TIN from Features(从要素生成 TIN),即可产生不规则三角形网格,构成三维表面模型,显示在内容表中。

在生成的 TIN 文件属性(Properties)中,Symbology 选项卡左下角勾选 Show hillshade illumination effect in 2D display,可以让用 2D 显示的 TIN 数据集看起来更像 3D,这是因为它模拟了地球表面太阳光的光照强度。由于样本点数量(即监测井数量)不足,勾选后显示过暗,效果不佳,故仍采用 2D 显示,不加阴影。

6.4　地下水水位分维数及降水量分维数计算方法

6.4.1　CAD 过程线的加载与格式转换

AutoCAD 2004 中绘制好的研究区不同年段逐旬地下水位过程线和逐旬降水量过程线为.dwg 格式文件,由于 Hawth's Analysis Tools 中计算分维数的工具 Line Metrics 只识别输入对象为.shp 格式的线状要素,需将.dwg 格式的过程线转换为.shp 格式。

CAD 图形在 ArcMap 中,其数据有两种表现——CAD 图形文件和 CAD 数据集,图形文件只用来显示,数据集用来显示和地理分析,因此 CAD 图形在 ArcMap 中并不仅仅显示为一个文件。从图 6-4 中可以看出,一个.dwg 文件在 ArcMap 中显示为一个数据层组(Group Layer),其中包括 Annotation、Point、Polyline、Polygon、MultiPatch 等不同的要素类,选择 Line Metrics 识别的线状要素 Polyline 作为转换对象。

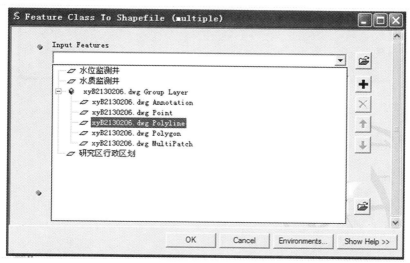

图6-4　格式转换对话框示意图

在 ArcMap 中用 ✦ Add Data 工具加载.dwg 格式的过程线,使用 ArcToolbox 中的 Conversion Tools→to shapefile,在对话框中选择 Polyline 作为输入对象,输出为.shp 格式过程线。

6.4.2　分维数计算

接上一步,移除. dwg 格式的过程线,加载转换好的. shp 格式过程线,使用 Hawth's Tools→Analysis Tools→Line Metrics 计算分维数(见图 2-5 和图 2-6),计算出的分维数 D 写入属性字段 FracDim,因此计算完成后可在内容表中右键单击相应过程线文件查看属性字段 FracDim,即可得知计算出的分维数值,精确到小数点后 6 位(见图 6-5)。

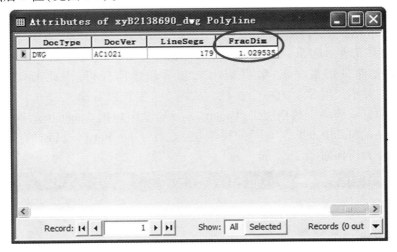

图 6-5　分维数计算结果示意图

第 7 章　研究区地下水水质空间分布特征

7.1　方法简介

研究区选取资料连续的 15 口地下水水质监测井,其中咸阳市区 6 口、兴平市 3 口、乾县 1 口、礼泉县 2 口、武功县 3 口(见表 7-1),研究区水质监测井分布如图 7-1 所示。监测井井水取样时间为每年 9 月。水质指标共有 pH、总碱度、总硬度、矿化度、Ca^{2+}、Mg^{2+}、$K^+ + Na^+$、Cl^-、SO_4^{2-}、CO_3^{2-}、HCO_3^- 共 11 种,由于总碱度、总硬度、矿化度均是对阳离子的表征,故阳离子 Ca^{2+}、Mg^{2+}、$K^+ + Na^+$ 不单独进行比较,仅从 pH、总碱度、总硬度、矿化度、Cl^-、SO_4^{2-}、CO_3^{2-}、HCO_3^- 共 8 种指标进行分析。

表 7-1　研究区水质监测井位置

研究区	测井编号	测井位置(县/区乡村方向)
咸阳市区	003	秦都区渭滨乡吕村西
	013	秦都区沣东乡黄家寨南
	015	渭城区林场村村东 10 m
	016	渭城区韩家湾乡孙家村东
	034	渭城区底张乡岩村小学校中
	040 – 2	秦都区双照乡北上召村二组
兴平市	062 – 2	兴平东城纸厂
	069 – 2	兴平市店张乡西坡村
	074	兴平市丰仪乡高家学校南 50 m
乾县	366	乾县周城乡庄里村
礼泉县	408	礼泉县新寺乡张神村中
	411 – 1	礼泉县阡东镇杨家村
武功县	B203	武功县武功镇凉马西堡西北 400 m
	B209	武功县观音堂乡张寨南堡正南
	B217	武功县车站乡义老村北

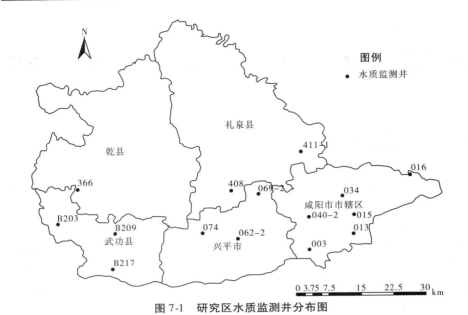

图 7-1　研究区水质监测井分布图

7.2　研究区地下水水质空间分布特征分析

在 ArcMap 中添加研究区水质指标属性值,并采用 IDW 插值法得到各水质指标的空间分布图,具体步骤参见第 6 章 6.2 水质空间分布分析方法。

7.2.1　pH 值变动分析

经过对图 7-2 和图 7-3 的比较可以发现,2003 年研究区地下水 pH 值的范围为 6.5 ~ 7,而 2006 年 pH 值的范围变成了 6 ~ 7.5,酸碱度范围略有扩大。从东到西来看,研究区地下水 pH 值大体上呈现东边大、西边小的分布,在 2006 年的图中表现尤为明显,咸阳市区、兴平市及礼泉东部地区地下水 pH 基本保持为中性,仅个别井呈现向弱碱性发展的轻微趋势,而西部的乾县、礼泉西部和武功县地下水则由中性向弱酸性发展且程度较大。尤其明显的是,从 2003 年到 2006 年武功县大部地下水 pH 显著降低,由 2003 年的 6.8 左右骤降到 6.0 左右,通过与 2004 年、2005 年两年的地下水 pH 插值图(此处由于篇幅所限不予列出)对比发现,2003 ~ 2005 年武功县地下水 pH 基本保持中性,只是在 2006 年 pH 发生小幅突降,考虑该地在 2005 ~ 2006 年间地下水 pH 值下降的原因可能有两种:一种可能性是武功县新增工厂酸性污水导致地下水 pH 值下降,另一种可能性是

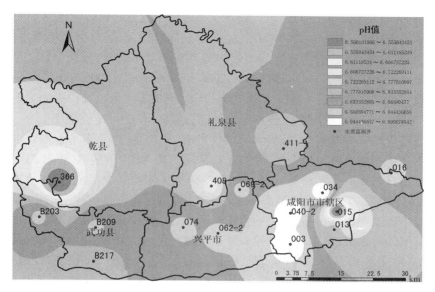

图 7-2　2003 年研究区地下水 pH 值 IDW 插值结果

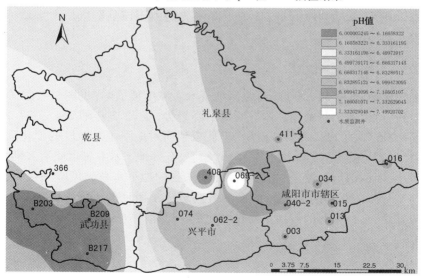

图 7-3　2006 年研究区地下水 pH 值 IDW 插值结果

此期间降水和渭河径流增加以至于蒸发量增加,提吸 SO_4^{2-} 所致,这种情况将同时导致地下水水位上升,故需证明该时段地下水水位确有升高作为支持。

分别对两种可能性进行证实,通过对武功县 8 口地下水监测井(B201、B203、B206、B209、B210、B211、B212、B213)作 2002～2006 年地下水水位过程线图(此处限于篇幅不再一一列举),经对这些过程线图逐一比较发现,8口监测井地下水水位均无在2005~2006年出现明显上升趋势,而是与前几年基本持平,相对稳定;另外,计算了武功县2003~2006年逐年降水总量,分别为2003年944mm(该年发生洪水),2004年571mm,2005年666.1mm,2006年651.5mm,可知2005年和2006年武功县降水较2004年多,但地下水水位却没有明显升高的现象,因此由于降水增加导致蒸发量增加而提吸SO_4^{2-}的可能性较小。

据新华社记者调查得知,渭河沿岸兴平市、武功县、户县等地造纸企业污水排放不达标是造成渭河污染的元凶,尤其是武功县大庄镇的东方纸业集团,距离渭河河道只有2km,是15家小造纸厂为避免被关停而联合组成的,年生产能力5万t,但该集团直排渭河的污水长期严重超标,超过允许排放标准的7.3倍,由于沿线小造纸企业排污不达标,导致流经武功、兴平、咸阳市区的渭惠渠变成了名副其实的污水渠,渠水的污染导致地下水被污染,抽出的地下水有时还漂浮着一层油(陈钢和刘喜梅,2004),造纸厂排出的污水含酸量大多很高,经过渠水、河水污染地下水时,势必将一定的强酸性物质带入,最终导致地下水pH值下降。

综上所述,武功县地下水pH值下降主要是由于该县造纸厂大量超标排放酸性废水造成的。

7.2.2 总碱度变动分析

通过对2003年和2006年研究区地下水总碱度插值图(见图7-4、图7-5)的对比分析,可以看出总碱度总体呈明显下降趋势,从2003年的254~737mg/L,下降至2006年的228~558mg/L。仍从东到西对地下水总碱度的变化进行分析,可以发现,东部的咸阳市区、兴平市及礼泉东部地下水总碱度略有波动,下降幅度较小,而西部地区乾县、礼泉西部和武功县的地下水总碱度降幅很大,这也恰好与pH值的变化不谋而合,酸度的升高对应了碱度的下降。由7.2.1的分析可以知道,这种情况的产生主要是当地企业超标排放酸性废水导致的。

7.2.3 总硬度变动分析

此处把2003年的地下水总硬度插值图换成2004年的,因为原始资料中,2003年总硬度是钙镁离子浓度简单相加得到的值,并不可靠,与2006年无可比性,而2004年与2006年资料计算方法相同,可以对比。

对比两年总硬度空间分布图(见图7-6、图7-7)可知,2004~2006年间,研究区地下水的总硬度呈总体上升趋势,具体到各分区来看,大部分地区总硬度虽有变动,但变幅不大,基本维持现状或略有上升,乾县、礼泉和兴平三地基本符合这

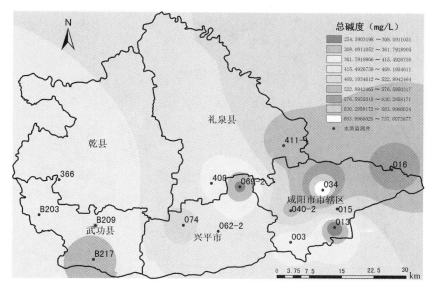

图 7-4　2003 年研究区地下水总碱度 IDW 插值结果

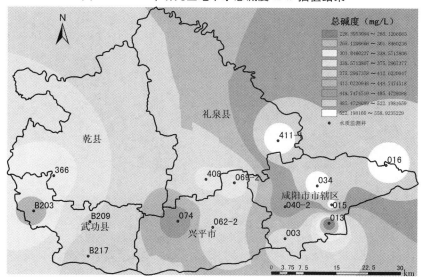

图 7-5　2006 年研究区地下水总碱度 IDW 插值结果

一状况;变幅较大的主要是武功和咸阳市区,武功的 B203 和 B217 两口井地下水的总硬度大幅下降,而咸阳市区尤其是咸阳市区东部,地下水总硬度明显上升。从地下水开采、水质形成、研究区实际情况等方面分析,这种状况产生的原因如下:

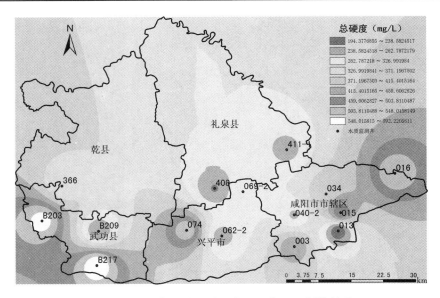

图 7-6　2004 年研究区地下水总硬度 IDW 插值结果

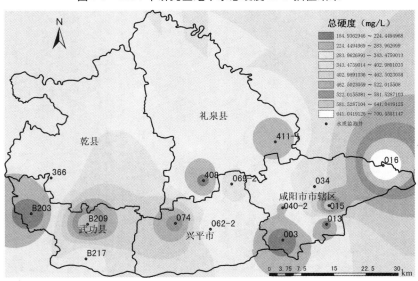

图 7-7　2006 年研究区地下水总硬度 IDW 插值结果

　　咸阳市区由于长期过度开采地下水，已经导致地下水水位 20 年来持续下降，形成了 4 个面积总计 52.37 km² 的降落漏斗区，分别位于咸阳市城区中心、咸阳市西北橡胶厂、咸阳市郊区、秦都区沣东镇。咸阳市是全省唯一的工业、生活全部依赖地下水资源的城市。随着城市的发展，需水量逐年递增，造成地下水过度开采,致使地下水水位 20 年来持续下降,降落漏斗急剧扩大,供需矛盾日益紧张。降落漏斗形成后,造成水质恶化,地面沉降、地裂缝、建筑裂缝等环境地质问题(李斌,2009)。

在我国内陆地区,开采深层地下水时,上层高矿化水通过弱透水层越流及天窗绕流补给开采层,使开采层地下水总硬度增加,水质迅速恶化;在无咸水层分布的非沿海地区,也可因为水位降过大,在没有任何外界污染的条件下出现总硬度增加、水质恶化的现象,根据格朗德的研究,某水源地井因开采超降而停泵 17 个月,停抽前和复抽后 Ca^{2+} 浓度由 16 mg/L 骤增至 180 mg/L,即说明了这一点。

咸阳市是内陆城市,但由于该市地下水埋深不大且位于渭河河畔,并不存在上层高矿化水的情况,故其总硬度的增大可能属于上述第二条原因,即在没有外界污染的条件下,由于水位降过大,包气带氧化溶滤作用导致的水质变化。

武功两口井的地下水总硬度大幅下降现象,可以归因于人工补给和河流侧向补给量增大使得水质淡化,由于 B203 和 B217 两监测井紧邻渭河干流,随着河流淡水的不断补给对地下水进行淡化,地下水水质的矿化度、硬度等都会缓慢减小;并且,近几年来咸阳市陆续实施了扩大灌溉面积、保障农业稳产高产的一系列措施,局部地区实现了地表水和地下水联合灌溉,优化了地下水的补排关系,同时,宝鸡峡灌区对作物的灌溉也在一定程度上形成了地下水的淡水人工补给,使地下水淡化,两者共同作用导致了傍河监测井地下水总硬度的下降。

7.2.4　矿化度变动分析

图 7-8、图 7-9 中 2003~2006 年间研究区地下水矿化度的空间分布变化表明,矿化度的空间变异特点并不明显,可以注意到武功县 B203 井的矿化度略有下降,前文用人工补给和河流侧向补给使水质淡化的理论分析总硬度下降的原因,在此处也得到了证实。

总体上,2003~2006 年间大部分地区地下水矿化度呈小幅上升状态,个别地区有所下降。虽然矿化度的上升或下降现象在整个研究区都有所显现,但其变动幅度不大。而这种小幅度的矿化度上升除气候原因外还可以归咎于地下水超采。

从水质标准的要求来看,近年来研究区地下水矿化度还是维持在了令人满意的水平。将研究区的矿化度值与中华人民共和国国家标准——《地下水质量标准》(GB/T 14848—93)(见表 7-2)及中华人民共和国城镇建设行业标准——《生活饮用水水源水质标准》(CJ 3020—93)(见表 7-3)对照,其中按照矿化度的定义——水中所含各种离子、分子及化合物的总量,表征水中所含盐量的多少,因此表中溶解性总固体一项即为矿化度——比较得知,单独从矿化度一项来看,

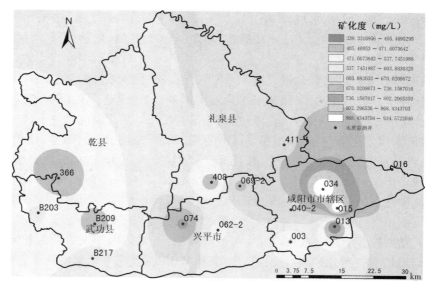

图 7-8　2003 年研究区地下水矿化度 IDW 插值结果

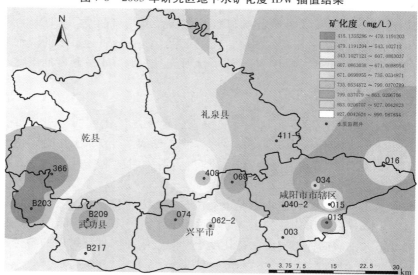

图 7-9　2006 年研究区地下水矿化度 IDW 插值结果

研究区地下水质量均处于Ⅱ类和Ⅲ类的范围,其中Ⅱ类水较少,Ⅲ类水较多,其中 2003 年的Ⅱ类水比 2006 年Ⅱ类水范围大,说明有一部分地下水水质由Ⅱ类恶化为Ⅲ类,也反映出矿化度的小幅增长已经造成了研究区地下水水质变差的后果,为研究区地下水水质的保护敲响了警钟,市、县相关部门应意识到这一点并及时采取措施防止其迅速恶化。

值得欣慰的是,目前研究区地下水水质虽然有所恶化,却仍符合生活饮用水源一级标准(见表 7-3)。

表 7-2　国家地下水质量标准

项目	I 类	II 类	III 类	IV 类	V 类
pH	6.5 ~ 8.5			5.5 ~ 6.5,8.5 ~ 9	< 5.5, > 9
总硬度(Ca^{2+})(mg/L)	≤150	≤300	≤450	≤550	> 550
溶解性总固体(mg/L)	≤300	≤500	≤1 000	≤2 000	> 2 000
SO_4^{2-}(mg/L)	≤50	≤150	≤250	≤350	> 350
Cl^-(mg/L)	≤50	≤150	≤250	≤350	> 350

表 7-3　生活饮用水水源水质标准

项目	标准限值	
	一级	二级
pH	6.5 ~ 8.5	6.5 ~ 8.5
总硬度(Ca^{2+})(mg/L)	≤350	≤450
溶解性总固体(mg/L)	< 1 000	< 1 000
SO_4^{2-}(mg/L)	< 250	< 250
Cl^-(mg/L)	< 250	< 250

7.2.5　阴离子变动分析

7.2.5.1　Cl^-

观察 2003 年和 2006 年研究区地下水 Cl^- 浓度的变化(见图 7-10、图 7-11)不难发现,两年的 Cl^- 浓度在各分区的分布特点很相似,浓度最高点的值也几乎没有差别,但是浓度最低点的数值明显上升了一个等级,从 2003 年的 7 mg/L 左右直接上升至 30 mg/L 左右。

由于地下水化学成分形成的基本作用之一——溶滤作用的存在,地下水因其矿化程度不同,往往具有各自独特的化学成分。对于矿化度低的或极低的地下水来说,其特征阴离子为 SiO_3^{2-}、CO_3^{2-}、HCO_3^-,如果水的矿化程度发展成中等的,则其水中阴离子为 HCO_3^-、SO_4^{2-}、Cl^-,在高矿化水中则以 Cl^- 为主。

因此,可以认为 Cl^- 浓度的升高,预示着该地区地下水矿化度的升高,仔细

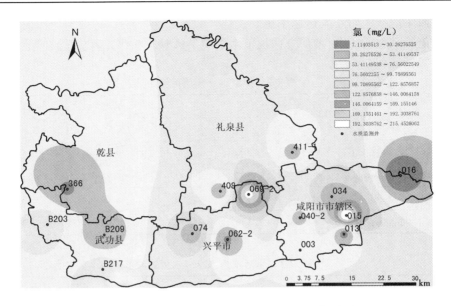

图 7-10　2003 年研究区地下水 Cl⁻ 浓度 IDW 插值结果

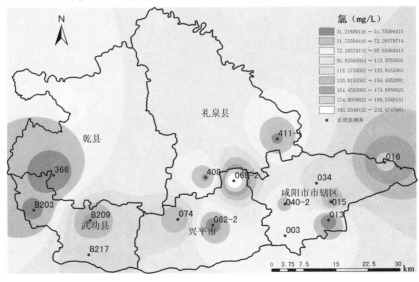

图 7-11　2006 年研究区地下水 Cl⁻ 浓度 IDW 插值结果

对比 Cl⁻ 浓度插值图和矿化度的插值图,在 Cl⁻ 浓度较高的地方,往往其矿化度也较高,如 074、015、069 - 2 等井,尤以 069 - 2 监测井表现最为明显。

　　值得注意的是,武功县 B209 井和咸阳市区 016 井及其周边,在几年间迅速由 Cl⁻ 浓度最低的地区变为 Cl⁻ 浓度很高的地区,其矿化度也相应地迅速升高（见图 7-8、图 7-9）。

矿化度升高有两种情况,在气候条件温暖潮湿的地区,会因为溶滤作用使矿化度升高;而在干旱、半干旱气候条件下,由于蒸发量惊人致使地下水不断浓缩,发生盐的积聚,也会产生高矿化的氯水。

半湿润地区和半干旱地区的分界线是 400 mm 的年等降水量线,咸阳市多年平均降水量为 560 mm,因此不属于干旱、半干旱气候条件,也不存在因为强烈蒸发导致地下水浓缩而使矿化度升高的情况,但是另一个原因值得注意,就是次生浅层水浓缩盐化。

在天然地下水埋深较大的平原区,外援引水灌溉将产生大量的渗入补给,使地下水水位不断抬高,初期使地下水混合淡化,但当地下水水位上升至临界埋深以内,形成地下水普遍浅埋时,地下水强烈的蒸发浓缩作用和土壤盐渍化将不可避免地发生和发展,造成次生的浅层水浓缩盐化。武功县的 B203、B209 井即是如此,这两口井的地下水埋深接近 100 m,但 Cl⁻ 浓度显著升高,而且经 2005 年 11 月实地调查了解到武功县曾出现渍涝灾害（地表明水）,可以推断是由于该区域的大量灌溉造成对地下水的补给过量,导致了 Cl⁻ 浓度和矿化度的升高。

7.2.5.2 SO_4^{2-}

由图 7-12、图 7-13 地下水 SO_4^{2-} 浓度插值结果可以比较出两年份间 SO_4^{2-} 浓度的变化,研究区大部浓度保持基本稳定,但最大值大幅上升,对照两张插值结果图,发现 SO_4^{2-} 浓度上升剧烈的地区主要是咸阳市区 015 井、040 - 2 井和武功县 B209 井及周边。根据 7.2.5.1 中对于溶滤作用的描述,SO_4^{2-} 浓度的升高也是地下水矿化度升高的表征,针对这几口井对照图 7-8、图 7-9 发现相同井位及周边矿化度也有不同程度的上升,以 B209 井最为剧烈,分析原因应为次生浅层水浓缩盐化,具体内容参照 7.2.5.1 中对于次生浅层水浓缩盐化的描述和成因分析,此处不再赘述。

7.2.5.3 CO_3^{2-} 和 HCO_3^-

在 7.2.5.1 中对于地下水溶滤作用的描述中曾提到,对于矿化度低的或极低的地下水来说,其特征阴离子为 SiO_3^{2-}、CO_3^{2-}、HCO_3^-,如果水的矿化程度发展成中等的,则其水中阴离子为 HCO_3^-、SO_4^{2-}、Cl^-,在高矿化水中则以 Cl^- 为主。

图 7-14、图 7-15 和图 7-16、图 7-17 分别是研究区地下水 CO_3^{2-} 和 HCO_3^- 浓度在 2003 年、2006 年的分布状况,由上述描述可以知道,当地下水矿化度升高时,水中的特征离子 CO_3^{2-}、HCO_3^- 可能出现逐渐减少甚至不再成为特征离子的情况,而在图 7-14、图 7-15 和图 7-16、图 7-17 中,研究区地下水中的 CO_3^{2-} 和

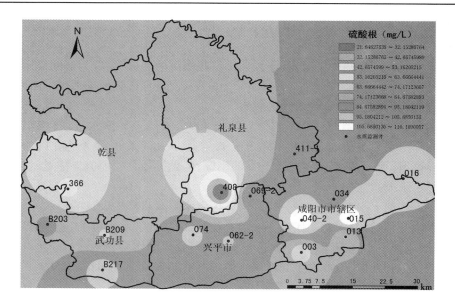

图 7-12　2003 年研究区地下水SO_4^{2-}浓度 IDW 插值结果

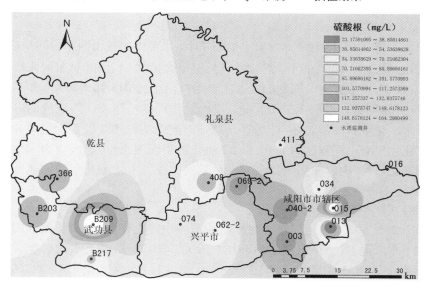

图 7-13　2006 年研究区地下水SO_4^{2-}浓度 IDW 插值结果

HCO_3^-浓度分别呈现出不同程度的下降,与矿化度的变化基本吻合。

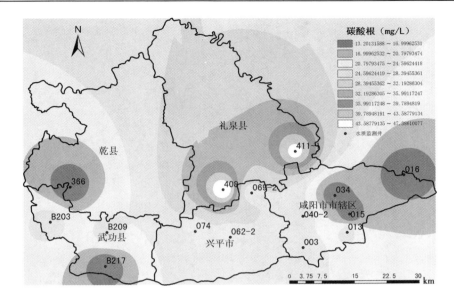

图 7-14　2003 年研究区地下水 CO_3^{2-} 浓度 IDW 插值结果

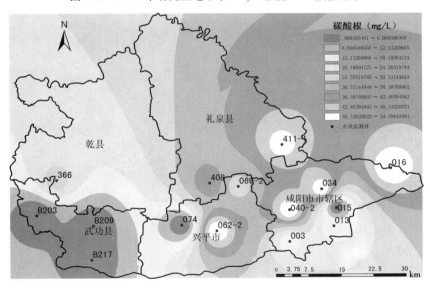

图 7-15　2006 年研究区地下水 CO_3^{2-} 浓度 IDW 插值结果

7.2.6　水质类别分析

将研究区各水质指标值的分布分别与中华人民共和国国家标准——《地下

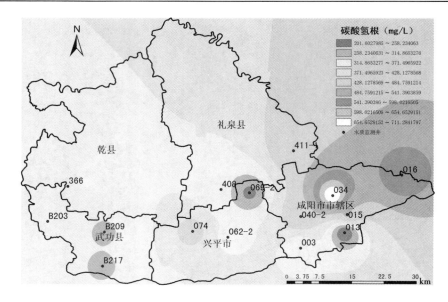

图7-16　2003年研究区地下水HCO₃⁻浓度IDW插值结果

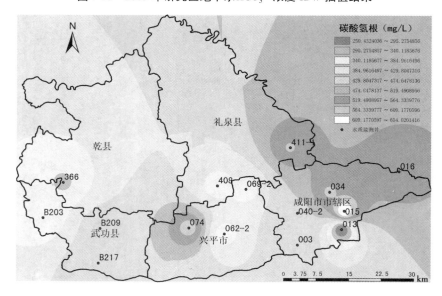

图7-17　2006年研究区地下水HCO₃⁻浓度IDW插值结果

水质量标准》(GB/T 14848—93)(见表7-2)及中华人民共和国城镇建设行业标准——《生活饮用水水源水质标准》(CJ 3020—93)(见表7-3)进行对照,结果见表7-4、表7-5。

表 7-4　2003 年研究区分指标水质等级

指标	地下水质量标准					生活饮用水质量标准	
	Ⅰ类	Ⅱ类	Ⅲ类	Ⅳ类	Ⅴ类	一级	二级
pH	研究区全部			无	无	全部	
总硬度（Ca²⁺）（mg/L）	无	个别井,礼泉大部	研究区大部	武功局部、咸阳市局部	武功B203、B217两井	研究区大部	研究区大部
溶解性总固体（mg/L）	无	乾县东部、武功东部	其余全部	无	无	全部	
SO₄²⁻·（mg/L）	乾县、礼泉、咸阳市局部	其余全部	无	无	无	全部	
Cl⁻（mg/L）	乾县武功局部,咸阳东部	研究区大部	其余全部	无	无	全部	

注:此处总硬度指标使用 2004 年监测值与国家标准对照。

表 7-5　2006 年研究区分指标水质等级

指标	地下水质量标准					生活饮用水质量标准	
	Ⅰ类	Ⅱ类	Ⅲ类	Ⅳ类	Ⅴ类	一级	二级
pH	研究区大部			武功全部、乾县东部、礼泉局部（408 井）	无	研究区大部	研究区大部
总硬度（Ca²⁺）（mg/L）	无	研究区大部	乾县、武功、兴平交界区	咸阳市区东部	咸阳市区东部	研究区大部	研究区大部
溶解性总固体（mg/L）	无	乾县武功交界处局部	其余全部	无	无	全部	
SO₄²⁻（mg/L）	个别井	其余几乎全部	015、B209 井	无	无	绝大部分地区	绝大部分地区
Cl⁻（mg/L）	乾县武功交界处局部	研究区大部	其余全部	无	无	全部	

比较表7-4、表7-5可以得出结论:虽然目前研究区水质仍符合生活饮用水标准,然而却能明显看出其具有恶化趋势,有些指标值已经处于该类水质指标值的临界点,如不及时引起重视并切实采取水质保护措施,后果将不堪设想。

7.3　小结

在本章中,选取研究区15口地下水质监测井、8种水质指标,采用IDW插值法在ArcGIS中绘制空间分布图,对这些监测井2003年和2006年的水质状况按不同指标分别进行横向和纵向对比分析,结果表明:

(1)pH值在研究区大部分地区变化不大,然而局部地区水质发生较为严重的恶化,武功全部、乾县东部、礼泉局部(408井)pH值已经下降到Ⅳ类范围,分析其原因,主要是由于当地造纸厂排出的污水含酸量大多很高,经过渠水、河水污染地下水时,势必将一定的强酸性物质带入,最终导致地下水pH值下降。

(2)研究区总碱度总体呈明显下降趋势,其中研究区东部的咸阳市区、兴平市及礼泉东部地下水总碱度略有波动,下降幅度较小,而研究区西部的乾县、礼泉西部和武功县的地下水总碱度降幅很大,这也恰好与pH值的变化不谋而合,酸度的升高对应了碱度的下降,这种现象的产生与当地企业超标排放酸性废水有很大关系。

(3)2004~2006年间,研究区地下水的总硬度呈总体上升趋势,具体到各分区来看,大部分地区总硬度虽有变动,但变幅不大,基本维持现状或略有上升,乾县、礼泉和兴平三地基本符合这一状况;变幅较大的主要是武功和咸阳市区,其中:

咸阳市区尤其是咸阳市区东部,地下水总硬度明显上升。这是由于咸阳市是全省唯一的工业、生活全部依赖地下水资源的城市。随着城市的发展,需要水量逐年递增,造成局部地下水过度开采,致使地下水水位持续下降,降落漏斗急剧扩大,同时造成总硬度增大,水质恶化。

武功两口井的地下水总硬度出现大幅下降现象,分析其产生的原因:由于B203和B217两监测井紧邻渭河干流,随着河流淡水的不断补给对地下水进行淡化,地下水水质的矿化度、硬度等都会缓慢减小;且近几年来咸阳市陆续实施了扩大浇灌、保障农业稳产高产的一系列措施,实现了地表水和地下水联合灌溉,宝鸡峡灌区对作物的灌溉也在一定程度上形成了地下水的淡水人工补给,使地下水淡化,两者共同作用导致了傍河监测井地下水总硬度的下降。

通过进一步与水质国家标准的对照(见表7-4、表7-5),研究区地下水总硬度的现状不容乐观,2003年和2006年均已出现Ⅴ类水质且至今并无改观,应引起重视并采取措施控制这一趋势。

　　(4)研究区矿化度的范围变动并不明显,大部分地区地下水矿化度呈小幅上升状态,个别地区有所下降。矿化度上升是地下水超采和灌溉引起盐渍化带来的后果,武功县 B203 井矿化度略有下降的原因为人工补给(灌溉)和河流(渭河)侧向补给使水质淡化。

　　地下水中阴离子的浓度和种类往往与地下水的矿化度密切相关。对于矿化度低的或极低的地下水来说,其特征阴离子为 SiO_3^{2-}、CO_3^{2-}、HCO_3^-,如果水的矿化程度发展成中等的,则其水中阴离子为 HCO_3^-、SO_4^{2-}、Cl^-,在高矿化水中则以 Cl^- 为主。

　　研究区 SO_4^{2-} 和 Cl^- 浓度呈上升趋势,而 CO_3^{2-} 和 HCO_3^- 则呈下降趋势,从地下水特征离子的角度说明了研究区矿化度的逐渐上升趋势,亦即水质恶化的趋势。与水质国家标准对照结果显示(见表 7-4、表 7-5),按 SO_4^{2-} 浓度划分的水质等级明显变差,2003 年研究区的 SO_4^{2-} 浓度范围符合地下水质量标准中的 Ⅰ 类和 Ⅱ 类标准,且全部属于一级生活饮用水,但 2006 年出现了 Ⅲ 类水质,且部分地区地下水不符合一、二级生活饮用水标准。

　　综上所述,研究区地下水水质状况较好,大部分指标和地区都符合生活饮用水标准,但是已经出现总硬度升高、矿化度升高等水质恶化的趋势,应引起重视并注意保护,防止水质的进一步恶化。

第8章　研究区地下水水位动态及其分形特征研究

8.1　概述及方法简介

在研究区选取 1986 ~ 1990 年、2002 ~ 2006 年地下水埋深资料完整连续的监测井,按照其在研究区内大致均匀分布的原则挑选了 27 口地下水监测井作为研究对象(其位置如图 8-1 所示),分别计算两个时段的各井逐旬地下水水位序列,挑选 5 口典型井(每个分区选择 1 口监测井)比较两时段的水位变化;分时段(5 年)计算各月平均水位,在 ArcGIS 下生成 TIN 插值表面,对地下水水位进行面上分布变化的分析。

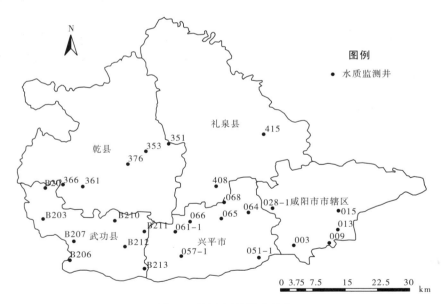

图 8-1　研究区监测井分布

另外,研究区监测井中有 8 口井取得了 1991 ~ 2000 年的地下水埋深资料,计算 27 口监测井 1986 ~ 1990 年、2002 ~ 2006 年两时段逐旬地下水水位序列和 8 口监测井 1986 ~ 1990 年、1991 ~ 2000 年、2002 ~ 2006 年三时段逐旬地下水水位序列,先使用 AutoCAD 2004 绘制各序列过程线,再将这些过程线在 ArcMap

中转换为. shp 格式,再采用前述的 Hawth's Analysis Tools—Line Metrics 工具对
地下水水位逐旬过程线的分维数进行计算,并对分维数计算结果进行整理分析。

8.2　研究区地下水水位动态特征分析

8.2.1　地下水逐旬水位过程线分时段比较分析

　　咸阳市地下水监测井的编号,基本上是按照自南向北、自东向西的顺序设计
的,这也与咸阳市的地形地貌特征有关,研究区位于咸阳市南部宝鸡峡灌区,地
貌类型主要是乾县礼泉北部的波状黄土台塬区及研究区南部的渭北黄土台塬区
和泾渭河冲积平原区。

　　因此,本节按照自北向南、自东向西的顺序在研究区各分区各挑选一口监测
井作为典型井,分析其 1986～1990 年、2002～2006 年两个时段地下水水位的变
化情况。选择时尽量令监测井按东西走向连成一线,南部的咸阳市区、兴平市、
武功县分别选取 013、065、B207 三口典型井,北部选取礼泉县 415 井、乾县 376
井,计算各井的年段逐旬地下水水位序列,绘制过程线图,如图 8-2 ～ 图 8-6
所示。

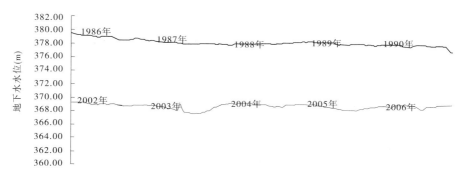

图 8-2　咸阳市区 013 监测井逐旬地下水水位过程线

　　从图 8-2 ～ 图 8-6 中可以明显看出,013 井在 10 年间地下水水位剧烈下降
10 m 左右,但年际变化不大;065 井自 1986 年地下水水位上升之后相对稳定,自
2002 年起又持续下降 15 m 左右;B207 井的地下水水位波动很剧烈(原因应为
7、8 月左右灌溉抽水导致地下水水位临时下降,结束后又恢复),但两时段的极
值点基本一致,趋势基本同步,10 年间水位平均下降 5 m 左右;415 井自 1986 年
来水位缓慢上升,然而自 2002 年来持续下降,但降幅不大,在 2 m 左右;376 井
地下水水位在 10 年间明显下降约 6 m,两时段分别有时段内波动,时段内水位

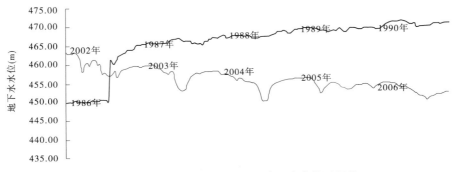

图 8-3　兴平市 065 监测井逐旬地下水水位过程线

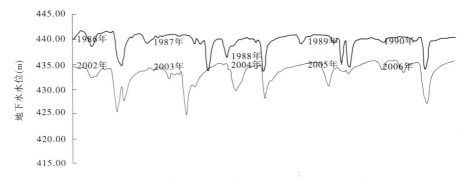

图 8-4　武功县 B207 监测井逐旬地下水水位过程线

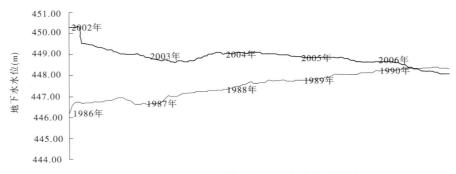

图 8-5　礼泉县 415 监测井逐旬地下水水位过程线

略有上升。

　　1986～1990 年和 2002～2006 年这两个时段各典型井的地下水水位变化趋势非常一致,均表现出明显下降,下降幅度从 2 m 至 15 m 不等,说明研究区在两时段之间的 10 年左右经历了地下水水位持续下降的过程,其中 013 井位于咸阳

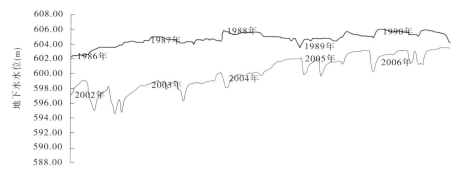

图 8-6 乾县 376 监测井逐旬地下水水位过程线

市区,而据资料显示(李斌,2009),咸阳市区由于长期过度开采地下水,已经导致地下水水位 20 年来持续下降,形成了 4 个面积总计 52.37 km² 的降落漏斗区,随着城市的发展,需水量逐年递增,造成地下水过度开采,降落漏斗急剧扩大,供需矛盾日益紧张;位于兴平市的 065 井,地下水水位下降最为明显,这主要是由于 20 世纪 90 年代以来,关中降雨偏枯,兴平市的人口增长、工业发展都增加了需水量,同时还要保证农田灌溉的需要,不得不长期超采地下水,造成地下水水位迅速下降,部分区域形成地下水降落漏斗。

8.2.2 分时段各月平均地下水位 TIN 表面分析

分 1986 ~ 1990 年、2002 ~ 2006 年两个时段,计算每个时段(5 年)各月平均水位,用 ArcMap 中 3D Analyst—Create—Modify TIN—Create TIN from Features 工具,生成各月地下水水位的 TIN 表面,如图 8-7 ~ 图 8-30 所示。

根据对 TIN 表面图的分析可以发现,咸阳市区、兴平市、武功县地下水水位普遍较低,乾县、礼泉县地下水水位相对较高,一方面原因是乾县、礼泉县处于波状黄土台塬区,地势较高,测井地面高程普遍高于咸阳市区—兴平—武功一线,另一方面,则是由于城市生活生产用水量较高、对地下水超采过度而造成地下水水位较低的局面。

其次,每个时段中,6 ~ 9 月地下水水位的变动(降低)较其他各月明显,这主要是由于此时作物灌溉量增加,夏季天气炎热,取地表水灌溉时蒸发损失较大,对地下水的入渗补给不足,同时要提取地下水对作物进行联合灌溉,导致这一时期地下水水位降幅较大。

可以看到,2002 ~ 2006 年段南北交界一线范围明显扩大,对比得知这里的地下水水位较 1986 ~ 1990 年段有所下降,总体来看,10 余年来,中、低水位区域范围有所扩大,这也说明了在此期间地下水水位的总体下降趋势。

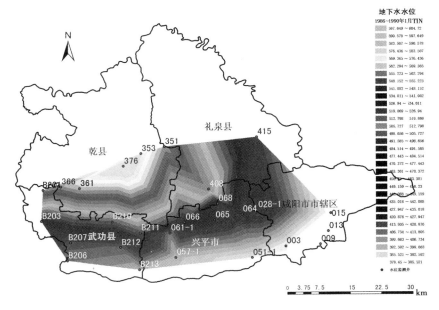

图 8-7　1986～1990 年 1 月 TIN 表面

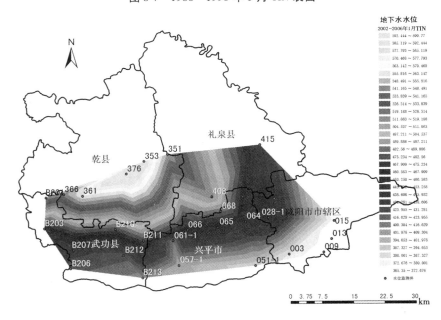

图 8-8　2002～2006 年 1 月 TIN 表面

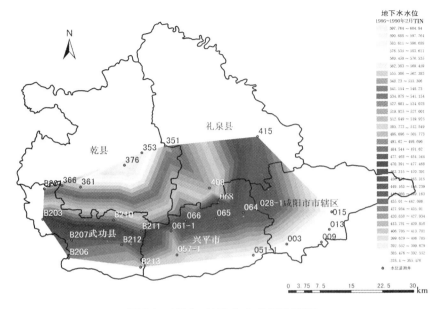

图 8-9　1986～1990 年 2 月 TIN 表面

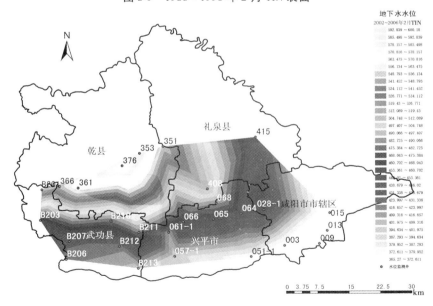

图 8-10　2002～2006 年 2 月 TIN 表面

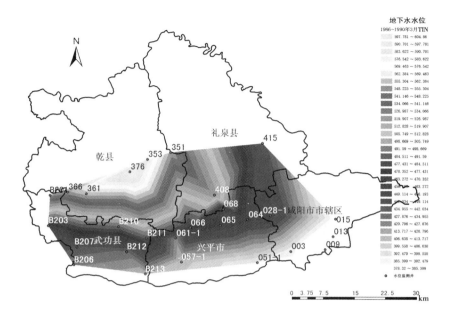

图 8-11　1986～1990 年 3 月 TIN 表面

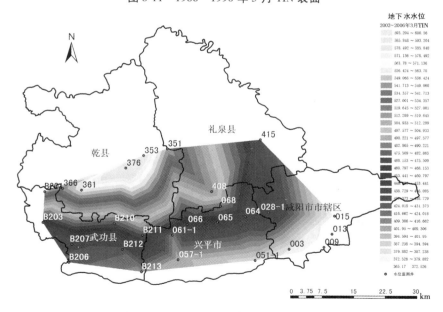

图 8-12　2002～2006 年 3 月 TIN 表面

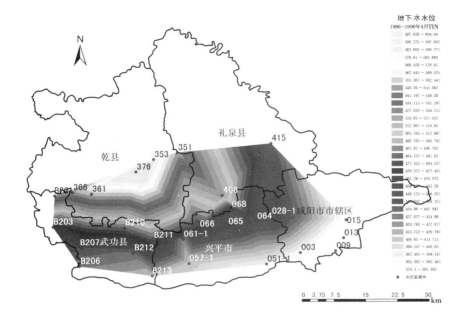

图 8-13 1986～1990 年 4 月 TIN 表面

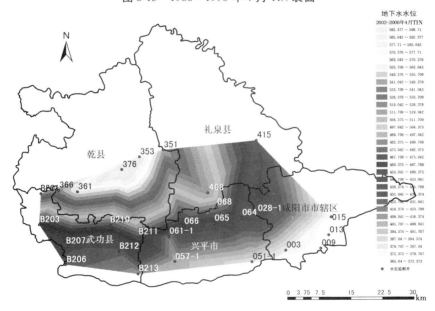

图 8-14 2002～2006 年 4 月 TIN 表面

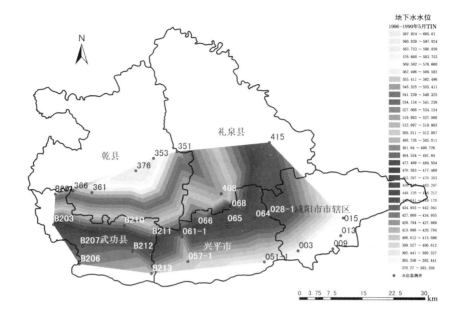

图 8-15　1986~1990 年 5 月 TIN 表面

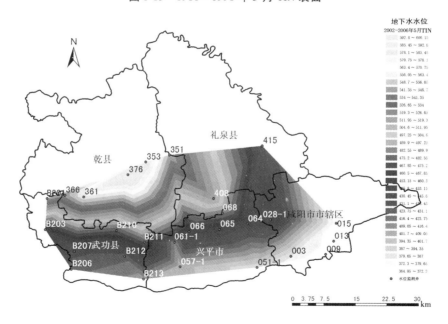

图 8-16　2002~2006 年 5 月 TIN 表面

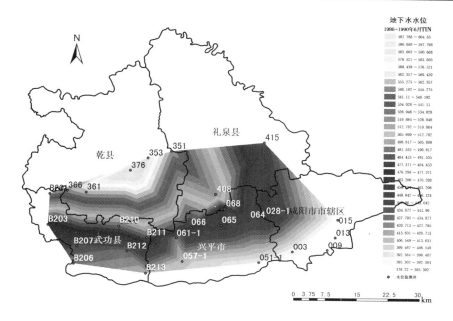

图 8-17　1986~1990 年 6 月 TIN 表面

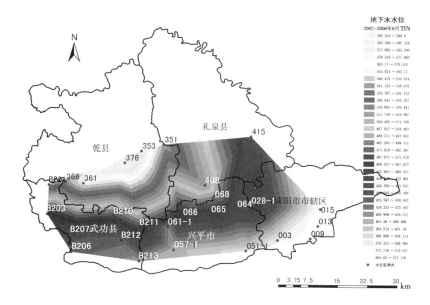

图 8-18　2002~2006 年 6 月 TIN 表面

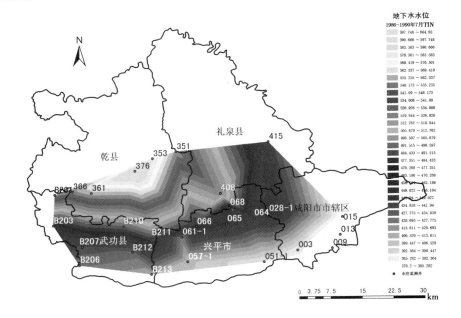

图 8-19　1986~1990 年 7 月 TIN 表面

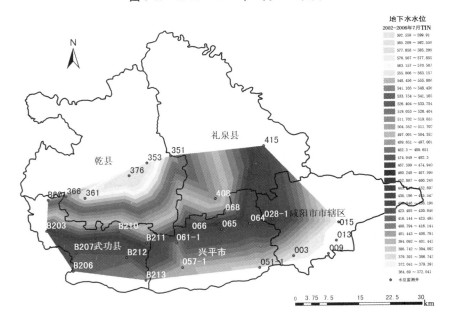

图 8-20　2002~2006 年 7 月 TIN 表面

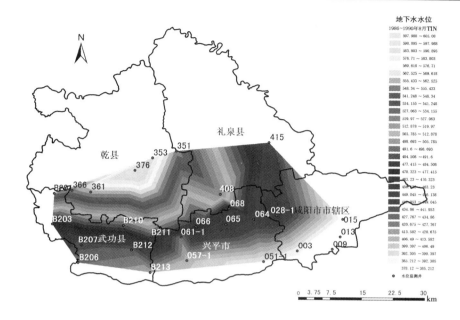

图 8-21　1986～1990 年 8 月 TIN 表面

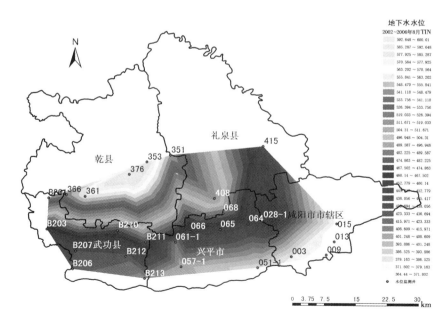

图 8-22　2002～2006 年 8 月 TIN 表面

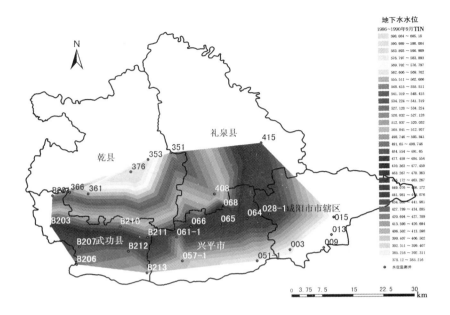

图 8-23　1986～1990 年 9 月 TIN 表面

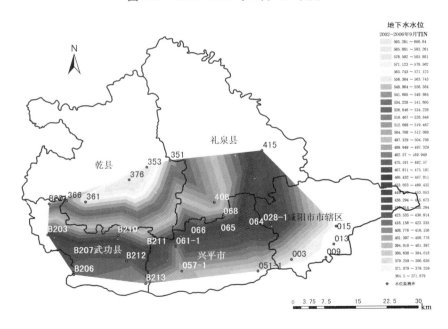

图 8-24　2002～2006 年 9 月 TIN 表面

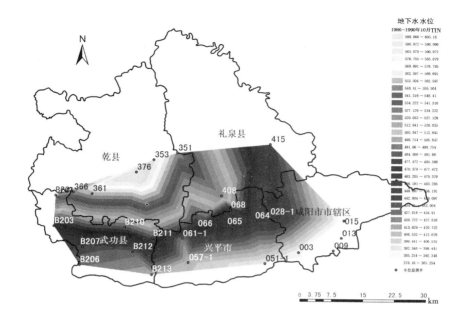

图 8-25　1986～1990 年 10 月 TIN 表面

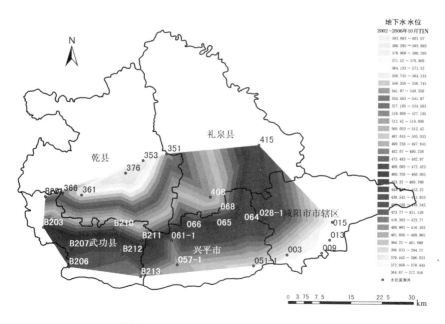

图 8-26　2002～2006 年 10 月 TIN 表面

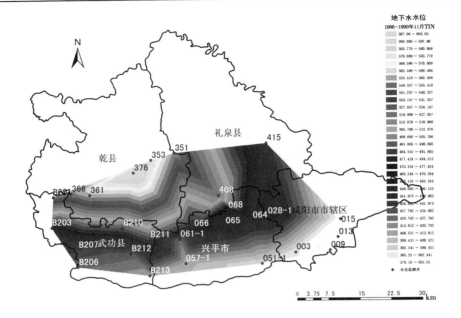

图 8-27　1986～1990 年 11 月 TIN 表面

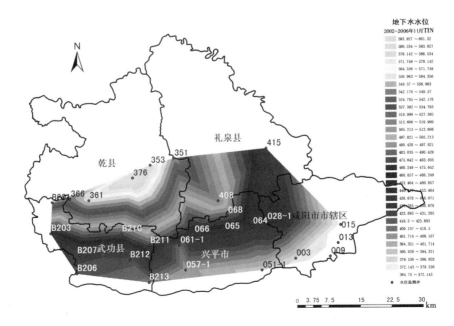

图 8-28　2002～2006 年 11 月 TIN 表面

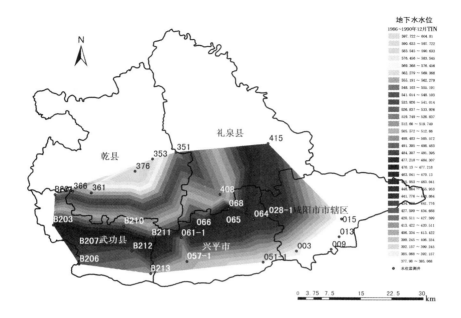

图 8-29 1986～1990 年 12 月 TIN 表面

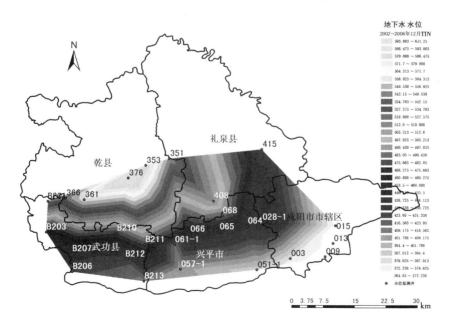

图 8-30 2002～2006 年 12 月 TIN 表面

8.3　研究区地下水水位分形特征研究

本节计算了 27 口监测井 1986～1990 年、2002～2006 年两时段逐旬地下水水位序列和 8 口监测井 1986～1990 年、1991～2000 年、2002～2006 年三时段逐旬地下水水位序列,先使用 AutoCAD 2004 绘制各序列过程线,再将这些过程线在 ArcMap 中转换为. shp 格式,采用 Hawth's Analysis Tools—Line Metrics 工具对地下水水位逐旬过程线的分维数进行计算,结果如表 8-1 和表 8-2 所示。

表 8-1　27 口监测井分维数计算成果

行政区名称	井号	1986～1990 年分维数	2002～2006 年分维数	分维数变化
咸阳市区	003	1.006 214	1.014 790	↑
	009	1.002 593	1.002 600	↑
	013	1.000 350	1.001 199	↑
	015	1.001 332	1.002 227	↑
	028－1	1.005 274	1.002 471	↓
兴平市	051－1	1.004 508	1.002 272	↓
	057－1	1.018 973	1.005 927	↓
	061－1	1.002 652	1.001 158	↑
	064	1.022 611	1.049 012	↑
	065	1.017 409	1.027 022	↑
	066	1.003 284	1.069 326	↑
	068	1.012 309	1.007 816	↓
乾县	351	1.000 109	1.001 441	↑
	353	1.001 463	1.001 926	↑
	361	1.001 272	1.001 246	↓
	366	1.000 235	1.001 456	↑
	376	1.003 477	1.023 417	↑
礼泉县	408	1.000 140	1.000 731	↑
	415	1.000 133	1.000 344	↑
武功县	B201	1.000 681	1.002 696	↑
	B203	1.009 457	1.003 127	↓
	B206	1.019 985	1.002 851	↓
	B207	1.058 497	1.058 660	↑
	B210	1.004 084	1.027 376	↑
	B211	1.030 553	1.106 355	↑
	B212	1.014 377	1.006 585	↓
	B213	1.029 535	1.013 652	↓

表 8-2　8 口监测井分维数计算成果

行政区名称	井号	1986～1990 年分维数	1991～2000 年分维数	2002～2006 年分维数
咸阳市区	034	1.000 129	1.000 215	1.002 052
	040－2	—	1.020 009	1.003 456
乾县	366	1.000 235	1.000 676	1.001 456
	370	1.001 041	1.000 881	—
	376	1.003 477	1.023 285	1.023 417
礼泉县	405	1.000 016	1.001 677	1.022 709
	408	1.000 140	1.000 484	1.000 731
	411－1	1.000 307	1.000 353	1.000 432

　　按时段作出 27 口井的地下水水位分维数趋势线,如图 8-31 所示。

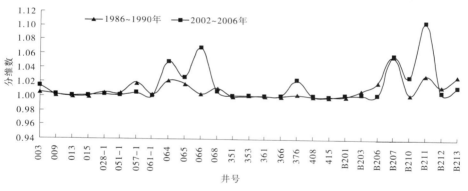

图 8-31　27 口井两个时段地下水水位分维数趋势线

　　由表 8-1 和图 8-31 可以看出,研究区地下水水位分维数较小,值域为 1～1.1,由于分维数表征了过程线的复杂程度,因此该值域证明研究区地下水水位过程线较为平缓,波动很小,这一点从图 8-2～图 8-6 也可以看出,虽然地下水水位持续下降,但下降过程大多并不剧烈。然而 2002～2006 年段的分维数变化在某些地区和井位明显大于 1986～1990 年段,说明这些地区 2002～2006 年段的地下水水位变幅较 1986～1990 年段大,涨落频繁,导致了分维数波动幅度的增大。

　　武功县的几口井地下水水位分维数相对较大,对照图 8-4(武功 B207 井地下水水位过程线图),B207 井在 6～9 月灌溉季节水位大幅波动,复杂程度高,于是分维数与其他县(区)的井相比偏大,符合实际情况。

　　由图 8-31 可以看出,各井两时段的地下水水位分维数值和趋势大致相同,只有兴平市个别井和武功个别井两时段间地下水水位分维数差别略大,根据 5.2 中的分析,武功县的地下水水位波动很大,而兴平市在 10 年间的地下水水位下降是研究区五个县(区)中最大的,因此这两个地区的分维数略大于其余地区。

　　研究区北部礼泉—乾县一线地貌类型主要是波状黄土台塬区,南部咸阳市区—兴平—武功一线则主要是渭北黄土台塬区和泾渭河冲积平原区,将研究区分南北两部分自东向西进行分维数分析,北部选取 415—351—353—376—361—366—B201 一线共 7 口监测井,作两时段分维数趋势线,如图 8-32 所示;南部选取 015—028 - 1—064—065—066—061 - 1—B211—B212—B207 一线共 9口监测井,作两时段分维数趋势线,如图 8-33 所示。

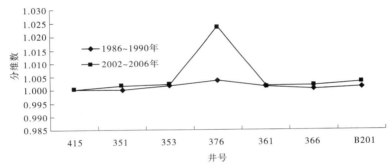

图 8-32　研究区北部典型井分维数趋势

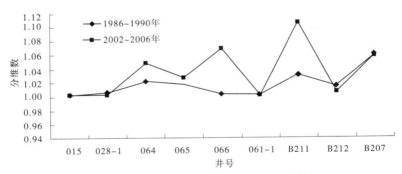

图 8-33　研究区南部典型井分维数趋势

　　由图 8-32 和图 8-33 可以看出,沿着地质剖面一线选取典型井,其分维数变化趋势是一致的,虽然变动幅度有所差异,但总趋势相同。图 8-32 中,仅有乾县376 井 2002 ~ 2006 年分维数值显著升高,对照 376 井的两时段地下水水位过程线图(见图 8-6)可知,该井 2002～2006 年段地下水水位波动幅度明显比较剧烈,而 1986～1990 年段趋势线则较为平缓,因此分维数的增大反映出 376 井 2002～2006 年段地下水水位波动较大、复杂性提高的现状。而图 8-33 中,有 064 井(兴平)、066 井(兴平)、B211 井(武功)3 口井出现 2002～2006 年段分维数明显增大的情况,通过对其同期地下水位过程线的观察得知,这 3 口井在 2002～2006 年段的地下水水位都比 1986～1990 年段波动剧烈,说明它们所处分区地下水水位的年内变化较大。

　　南、北部分维数趋势对比表明,南部地下水水位分维数变化大于北部,这也反映了南部地下水水位变动幅度和波动程度大于北部的事实。这是因为南部咸阳市区、武功、兴平工农业较发达,人口密度较大,近年来由于用水量的上升对地下水的开采加剧,导致地下水水位的变动较为剧烈,表征其复杂程度的分维数也就相应增大了。

　　在具有 20 世纪 90 年代资料的 8 口监测井中,040 - 2 井在 80 年代尚未建立,370 井在 2000 年之后被撤销,分维数均只有两个时段的值,故不参与趋势分析,其余 6 口监测井分别作三时段地下水水位分维数的变化趋势,如图 8-34 所示。

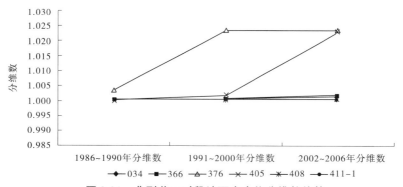

图 8-34　典型井三时段地下水水位分维数趋势

可以发现,图 8-34 中,有 4 口井在三时段间分维数几乎保持不变,变化较大的分别为 376 井和 405 井,其中 376 井在 1991～2000 年段分维数上升,此后基本保持不变;405 井则是 2000 年之前基本无变动,2002～2006 年段突然增大。

　　通过作 376 井的 1986～2006 年地下水水位过程线得知,该井在 1996～2000 年间地下水水位降深较大,波动较为剧烈,即是导致分维数增大的原因;而 2002 年以后水位过程线又呈现波动上升趋势,每年的灌溉季节水位下降较大,其余月份则有所回升,水位升降频繁,过程线复杂度高,分维数便未能回落至 20 世纪

80 年代水平。

　　405 井的情况有所不同,通过作 405 井的 1986～2006 年地下水水位过程线得知,该井在 1986～1995 年间,地下水水位基本保持在同一水平,从 1996 年开始,地下水位持续下降,但幅度不大,过程线平缓,这也是该井地下水水位分维数1986～2000 年间基本保持不变的原因,自 2002 年以来,地下水水位下降同时剧烈波动,考虑为灌溉期用水量增加导致的地下水水位频繁升降,分维数随之增大。

8.4　小结

　　本章分别计算了 1986～1990 年、2002～2006 年 27 口典型地下水监测井的逐旬地下水水位序列,挑选 5 口典型井(每个分区选择 1 口监测井)比较两时段的水位变化;分时段计算各月平均水位并在 ArcGIS 下生成 TIN 插值表面。对地下水水位进行面上分布变化的分析。

　　计算 27 口监测井 1986～1990 年、2002～2006 年两时段逐旬地下水水位过程线分维数和 8 口监测井 1986～1990 年、1991～2000 年、2002～2006 年三时段逐旬地下水水位过程线分维数,分析了不同时段分维数的变化趋势,并将研究区按照地貌分为南北两部分分别比较分维数的变化,并分析产生变化的原因。

　　得出结论如下:

　　(1)通过在各分区选择 5 口典型井对其在 1986～1990 年、2002～2006 年两个时段地下水水位的比较,可以看出,每口井的地下水水位在 10 年间都有不同程度的下降,其中咸阳市区、兴平市典型井水位降幅最大,这说明研究区地下水水位在该时期内普遍呈下降趋势。此外还可以发现,1986～1990 年段地下水水位过程线相对平缓,2002～2006 年段地下水水位过程线波动普遍比 1986～1990年段大,这说明自 2000 年以来,随着研究区工农业生产的发展和人民生活水平的不断提高,用水量增大,对地下水的取用量也较之前大了很多,由此造成对地下水的过度开采,导致地下水水位下降过快,甚至出现大范围降落漏斗。

　　(2)分 1986～1990 年、2002～2006 年两个时段,计算每个时段各月平均水位,用 ArcMap 中的有关工具生成各月地下水水位的 TIN 表面。分析表明,咸阳市区、兴平市、武功县地下水水位普遍较低,乾县、礼泉县地下水水位相对较高,一方面原因是乾县、礼泉县处于波状黄土台塬区,地势较高,测井地面高程普遍高于咸阳市区—兴平—武功一线,另一方面,则是由于城市生活生产用水量较高、对地下水超采过度而造成地下水水位较低的局面。

　　其次,每个时段中,6～9 月地下水水位的下降较其他各月明显,这主要是由于此时作物灌溉量增加,夏季天气炎热,取地表水灌溉时蒸发损失较大,对地下水的入渗补给不足,同时要提取地下水对作物进行联合灌溉,导致这一时期地下水水位降幅较大。

可以看到,2002～2006 年段南北交界一线范围明显扩大,对比得知这里的地下水水位较 1986～1990 年段有所下降,总体来看,10 余年来,中、低水位区域范围有所扩大,这也说明了在此期间地下水水位的总体下降趋势。

(3)通过计算 27 口监测井 1986～1990 年、2002～2006 年两时段逐旬地下水水位过程线分维数和 8 口监测井 1986～1990 年、1991～2000 年、2002～2006 年三时段逐旬地下水水位过程线分维数,可以发现研究区地下水水位分维数较小,值域为 1～1.1,说明研究区地下水水位过程线较为平缓,波动较小,各井两时段的分维数趋势大致相同,但 2002～2006 年段的分维数变化在某些地区和井位明显大于 1986～1990 年段,说明这些地区 2002～2006 年段的地下水水位变幅较 1986～1990 年段大,涨落频繁,导致了分维数波动幅度的增大。

其中武功县的几口井分维数相对较大,是因为在 6～9 月灌溉季节该区提取地下水灌溉导致地下水水位大幅波动,复杂程度高,于是分维数与其他县(区)的井相比偏大,符合实际情况。而兴平市在 10 年间由于工农业发展较快,用水量增加,导致对地下水的超采,以致地下水水位下降是研究区五个县区中最大的,因此这两个地区的分维数略大于其余地区。

(4)按照研究区的地貌特点将其分为南、北两个部分分别进行分维数趋势的分析,可以得知,沿着地质剖面一线选取典型井,其分维数变化趋势是一致的,虽然变动幅度有所差异,但总趋势相同。偶有分维数增大的现象,经对比其地下水水位过程线图可以发现是地下水水位波动较大所致。

南、北部分维数趋势对比表明,南部地下水水位分维数变化大于北部,这也反映了南部地下水水位变动幅度和波动程度大于北部的事实。这是因为南部咸阳市区、武功、兴平工农业较发达,人口密度较大,近年来由于用水量的上升对地下水的开采加剧,导致地下水水位的变动较为剧烈,表征其复杂程度的分维数也就相应增大了。

(5)在具有 20 世纪 90 年代资料的 8 口监测井中,选取其中 1986～2006 年资料完整的 6 口监测井分别作三时段地下水水位分维数的变化趋势,结果表明,多数井的分维数在 1986～2006 年间几乎无变化,反映了地下水水位变动程度相对平缓的事实,少数井有分维数突增的情况,是由于中间某一时期地下水水位突然波动剧烈导致的,其原因可能是由于降水或地表水供应不足,而用水量又随着研究区经济的发展和人民生活的需要,不断增加,从而加大对地下水的取用,导致地下水水位涨落频繁,波动较大。

第 9 章　降水量分形特征及其与地下水水位分形特征关系研究

9.1　概述及方法简介

　　研究区共包括五个分区:咸阳市区、兴平市、乾县、礼泉县、武功县。按照监测井的资料范围,选取 1986 ~ 1990 年、1991 ~ 2000 年、2002 ~ 2006 年降水量资料,计算各时段各区逐旬降水量序列,先使用 AutoCAD 2004 绘制各序列过程线,再将这些过程线在 ArcMap 中转换为. shp 格式,同样采用 Hawth's Analysis Tools—Line Metrics 工具对降水量逐旬过程线的分维数进行计算,并对计算结果进行分析。此外,由于降水量是影响地下水水位变动的因素之一,因此本章还对降水量分维数和地下水水位分维数的关系进行了探讨。

9.2　研究区降水量分形特征研究

　　本节使用 AutoCAD 2004 软件和 ArcMap 中的 Hawth's Analysis Tools—Line Metrics 工具,分别计算了咸阳市区、兴平市、乾县、礼泉县、武功县五个分区 1986 ~ 1990 年、1991 ~ 2000 年、2002 ~ 2006 年逐旬降水量过程线分维数,结果如表 9-1 所示。

表 9-1　研究区逐旬降水量分维数计算结果

行政区	1986 ~ 1990 年分维数	1991 ~ 2000 年分维数	2002 ~ 2006 年分维数
咸阳市区	1. 109 545	1. 106 684	1. 114 706
兴平市	1. 111 231	1. 102 606	1. 103 853
乾县	1. 113 684	1. 108 893	1. 111 872
礼泉县	1. 113 553	1. 105 908	1. 112 643
武功县	1. 115 294	1. 105 187	1. 108 748

　　作各分区三时段降水量分维数趋势,如图 9-1 所示。
　　由表 9-1 和图 9-1 可以看出,研究区各分区降水量的分维数基本呈现下降趋势,只有咸阳市区的降水量分维数增大;另外,研究区 1991 ~ 2000 年段分维数

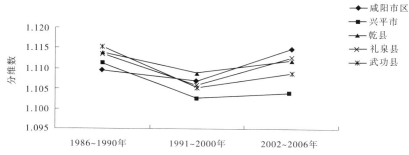

图 9-1   各分区不同时段分维数变化趋势

比前后年段的分维数都要小。

要分析咸阳市区降水量分维数增大的原因,需要对照咸阳市 1986~1990 年和 2002~2006 年两时段逐旬降水量过程线,如图 9-2 和图 9-3 所示。

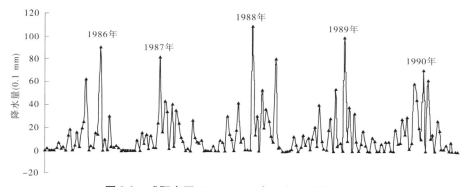

图 9-2   咸阳市区 1986~1990 年逐旬降水量过程线

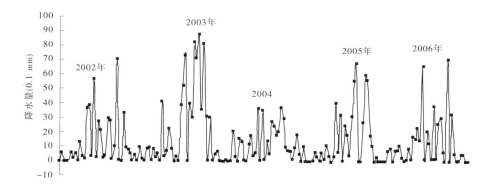

图 9-3   咸阳市区 2002~2006 年逐旬降水量过程线

　　从图 9-2 和图 9-3 中看出,1986～1990 年咸阳市区的降水量峰值较大,而 2002～2006 年降水量峰值虽然没有 1986～1990 年大,但是其中各年降水量更加平均;两时段同期降水量相比,2002～2006 年要大些(经计算,1986～1990 年,咸阳市区降水总量为 2 467.3 mm,2002～2006 年则为 2 615.1 mm),而且 2002～2006 年降水量过程线相比之下更加复杂,根据分维数的定义,分维数的大小反映的是过程线的复杂程度,复杂程度越高,分维数越大,因此咸阳市区降水分维数的增大与其降水量过程的复杂程度是一一对应的,其降水量的波动加剧和降水过程的复杂程度增加决定了分维数增大的结果。

　　研究区 1991～2000 年分维数比前后时段的分维数都小,这一点并不难解释,由于这一时段的序列长度为 10 年,是其他两个时段的 2 倍,根据 Line Metrics 工具中的计算公式可知,当序列长度增加的时候 D 值将减小;使用分维数的定义同样可以解释这一点,由于序列的长度增加,计算过程线分维数时就要从过程线整体考虑,相应地适当忽略降水量过程的年内变化,一些较小的波动被弱化甚至忽略不计,这样过程线的复杂程度便随着序列长度的增加不断地被弱化,因此长期序列的分维数值就比短期要小一些。

　　分时段作研究区降水量分维数趋势,如图 9-4 所示。

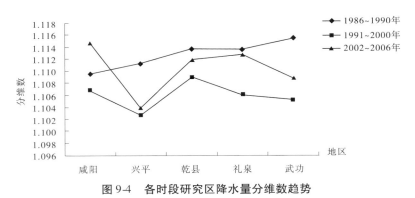

图 9-4　各时段研究区降水量分维数趋势

　　由图 9-4 中不难发现,1986～1990 年各分区降水量分维数普遍大于 2002～2006 年,说明 1986～1990 年降水过程普遍比 2002～2006 年复杂(只有咸阳市区例外,在前文中已经对其原因作出分析,此处不再重复);各分区中,兴平市的降水量分维数偏小,而乾县、武功县的降水量分维数偏大,由于研究区整体地理位置相同,地形西北高、东南低,气候相同,气温相近,降水量的特点也都是季节性较强、年际变化较大、雨热同季,年平均降水量基本相近(咸阳市区 545 mm(百度百科,2010c),兴平市 584.7 mm(兴平县志,2008),乾县 573～590 mm(百度百科,2010b),礼泉县 537～546 mm(百度百科,2010a),武功县 633.7 mm(武功政府网,2007)),乾县、武功县由于位于渭北黄土台塬区,可能存在降水年内分布不均现象较为突出的情况。因此,分析研究区降水量分维数的差异是由自然条件(主要是地形地貌条件)决定的,与其降水年内分布不均有关。

9.3　降水量分形特征与地下水水位分形特征的关系

本节按照监测井所处的分区,将研究区监测井分为五部分,比较各分区降水量分维数与地下水水位分维数的趋势,分析其是否存在对应关系,1986～1990年和2002～2006年降水量分维数与地下水水位分维数的关系图分别如图9-5和图9-6所示。

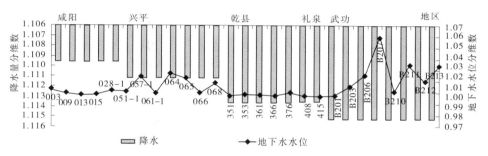

图 9-5　1986～1990 年降水量分维数与地下水水位分维数关系

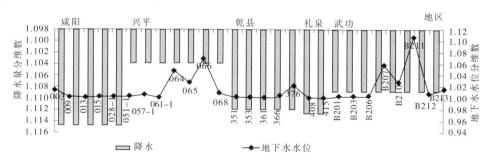

图 9-6　2002～2006 年降水量分维数与地下水水位分维数关系

根据9.2节的分析,研究区各井两时段地下水水位的分维数值和趋势大致相同,只有兴平市个别井和武功个别井两时段间地下水水位分维数差别略大。为了更为精确地比较降水量分维数和地下水水位分维数的值在两时段间的涨落变化,作出分维数在两时段间增大或减小的统计表,如表9-2所示。

表 9-2　研究区分维数两时段间的变化

行政区	降水量分维数	地下水水位分维数		
		井数	增大	减小
咸阳市区	增大	5	4	1
兴平市	减小	7	3	4
乾县	减小	5	4	1
礼泉县	减小	2	2	0
武功县	减小	8	4	4

表 9-2 中,除了咸阳市区降水量分维数呈增大趋势,其余分区降水量分维数均比 1986～1990 年减小,而各分区内监测井的地下水水位分维数变化有增有减,与其降水量分维数并无明显对应关系,由图 9-5 和图 9-6 也可看出,降水量分维数变化较大,但地下水水位分维数趋势却基本不变,可以推断降水量的分维数对地下水水位分维数基本不构成影响,说明研究区大气降水与地下水水位的动态变化关系不明显。

虽然降水量是影响地下水水位变动的因素之一,但这样的结论与分维数的定义并不矛盾,因为分维数反映的是降水量及地下水水位过程线的复杂程度,即它们波动的剧烈程度,降水量增大并不能说明其过程线复杂程度也相应增大,因此降水量增大时,入渗补给地下水的水量可能增加,但也并不一定会以分维数的形式体现出来。

9.4　小结

本章按照监测井的资料范围,选取 1986～1990 年、1991～2000 年、2002～2006 年降水量资料,计算各时段各区逐旬降水量过程线的分维数,并对计算结果进行分析;此外,由于降水量是影响地下水水位变动的因素之一,因此本章还对降水量分维数和地下水水位分维数的关系进行了探讨,得出如下结论:

(1)研究区各分区降水量的分维数基本呈现下降趋势,只有咸阳市区的降水量分维数增大。通过与咸阳市 1986～1990 年和 2002～2006 年两时段逐旬降水量过程线图(见图 9-2 和图 9-3)进行对照,可以发现 2002～2006 年降水量过程线相比之下更加复杂,根据分维数的定义,分维数的大小反映的是过程线的复杂程度,复杂程度越高,分维数越大,因此咸阳市区降水分维数的增大与其降水量过程的复杂程度是一一对应的,其降水量的波动加剧和降水过程的复杂程度增加决定了分维数增大的结果。

(2)研究区 1991~2000 年分维数比前后时段的分维数都小。由于这一时段的序列长度为 10 年,是其他两个时段的 2 倍,根据 Line Metrics 工具中的计算公式可知,当序列长度增加时 D 值将减小;如果使用分维数的定义来解释该现象,则是由于序列的长度增加,计算过程线分维数时就要从过程线整体考虑,相应地适当忽略降水量过程的年内变化,一些较小的波动被弱化甚至忽略不计,这样过程线的复杂程度便随着序列长度的增加不断地被弱化,因此长期序列的分维数值就比短期要小一些。

(3)1986~1990 年各分区降水量分维数普遍大于 2002~2006 年,说明 1986~1990 年降水过程普遍比 2002~2006 年复杂(咸阳市区例外);各分区中,兴平市的降水量分维数偏小,而乾县、武功县的降水量分维数偏大,由于研究区整体地理位置相同,地形西北高、东南低,气候相同,气温相近,降水量的特点也都是季节性较强、年际变化较大、雨热同季,年平均降水量基本相近,乾县、武功县由于位于渭北黄土台塬区,可能存在降水年内分布不均现象较为突出的情况。因此,分析研究区降水量分维数的差异是由自然条件(主要是地形地貌条件)决定的,与其降水年内分布不均有关。

(4)通过比较各分区降水量分维数与地下水水位分维数的趋势发现,虽然降水量是影响地下水水位变动的因素之一,但降水量的分维数对地下水水位分维数基本不构成影响,大气降水与地下水水位的动态变化关系不明显。

第 10 章　结论及建议

10.1　径流分形特征研究结论

本书通过对渭河流域上干支流径流分形特征的研究,主要得出以下结论:

(1)月径流过程具有一定的相似性,可认为其有分形特征;径流过程越复杂,相应的分维值越大;反之,分维数越大,径流过程越复杂,同样成立。

(2)分维数可以用来表征径流的复杂程度。渭河流域月径流分维数最大值通常发生在 8 月或 9 月,最小值则发生在 2 月或 3 月。主要是由于处于汛期的 8、9 月,受降雨因素的影响,河川径流变化大;而 2、3 月基本不会有大的变动。

(3)总的来说,干流站分维数变化比支流站平缓,变幅也相对小。分析其原因:干流径流影响因素复杂,各因素作用相抵概率大,径流调节能力强,而支流结构简单,调节能力差。这一道理,也可解释支流上较大流域比小流域分维数小。

(4)植被覆盖率与河川径流的关系,与流域所处气候区及地形、地质、土壤等环境条件有关。不同的地形地质情况,导致植被覆盖率对径流过程的影响存在差异。

通过建立渭河流域径流过程分维数与流域生态环境状况的关系,尝试获得评判研究区域生态环境状况的分形学量化指标,研究表明,在渭河流域,森林覆盖率的提高并不导致径流分维数减小;耕地面积的扩大对应径流过程分维数的增加;而林草植被覆盖率越高,其径流分维数越小。

可见,林草植被覆盖率尤其是草地植被覆盖率可以作为评判渭河流域生态环境优劣的重要指标。即林草植被覆盖率高,生态环境优良,反之生态环境不佳。由此可知,本区实施退耕还林还草是改善生态环境状况的重要方向。

10.2　径流分形特征研究建议和展望

(1)渭河流域位于黄土高原地区,是黄河流域水土流失最为严重的地区之一。结合流域气候和地形地貌特征考虑,在渭河流域北岸地区实施还林还草,不仅可以改善生态环境状况,对径流变化剧烈程度的抑制作用也将十分显著。

（2）针对流域上水文站点的布设规模及地点,可以根据干支流径流相关关系,减少干流站,以节约成本,减少开支。但如何选择最优站点位置,最合理的布置规模,则需要利用更多的径流资料,进一步确定某一支流及其下游多个干流站的相关性,寻求站点布设的量化关系。

（3）植被覆盖率与河川径流的关系,与流域所处气候区及地形、地质、土壤等环境条件有关。本书仅对渭河流域植被覆盖率与分维数之间的关系进行了初探,结论不仅可用于渭河流域,对其他流域或区域也有重要的参照作用。

10.3　地下水分形特征研究结论

随着研究区工农业生产的发展和人民生活水平的提高,需水量逐年递增,地下水过度开采的情况还在继续,降落漏斗还在持续扩大,由此引发的水质恶化、地面沉降、地裂缝、建筑裂缝等环境地质问题依然不断加剧。为了缓解研究区地下水水位不断下降的现状,也为了改善其地下水水质因超采而不断恶化的情况,揭示研究区地下水的时空变异规律、了解其分布状况并分析其水质变化,是实现研究区地下水资源可持续利用和区域可持续发展的前提。

本研究选取宝鸡峡灌区咸阳段五个县（区）作为研究对象,使用 ArcGIS 9.2 软件对研究区监测井水质进行空间分析,获得主要指标分类等级的一系列图表,直观地表达了研究区水质指标在几年间的变化;综合使用 ArcGIS 9.2 软件和分形理论求取研究区不同时段逐旬地下水水位过程线的分维数和同期降水量分维数,对研究区内若干典型观测井的地下水水位过程线及其分维数的变化规律进行研究,分析了研究区地下水水位动态的分形特征和空间分异特征,同时探讨了降水量分形特征与地下水水位分形特征的关系。得出主要结论如下:

（1）选取研究区 15 口地下水水质监测井、8 种水质指标,采用 IDW 插值法在 ArcGIS 中绘制空间分布图,对这些监测井 2003 年和 2006 年的水质状况按不同指标分别进行横向和纵向对比分析,结果表明:

pH 值在研究区大部分地区变化不大,然而局部地区水质发生较为严重的恶化,武功全部、乾县东部、礼泉局部（408 井）pH 值已经下降到Ⅳ类范围,主要是造纸企业超标排放酸性废水所致;研究区总碱度总体呈明显下降趋势,其中研究区东部的咸阳市区、兴平市及礼泉东部地下水总碱度略有波动,下降幅度较小,而研究区西部的乾县、礼泉西部和武功县的地下水总碱度降幅很大;研究区地下水的总硬度呈总体上升趋势,大部分地区总硬度虽有变动,但变幅不大,乾县、礼泉和兴平基本维持现状或略有上升,变幅较大的主要是武功和咸阳市区;研究区矿化度的范围变动并不明显,大部分地区地下水矿化度呈小幅上升状态,个别地区有所下降。

研究区SO_4^{2-}和Cl^-浓度呈上升趋势,而CO_3^{2-}和HCO_3^-则呈下降趋势,反映出研究区矿化度逐渐升高、水质逐渐恶化的趋势。与水质国家标准对照结果显示(见表7-4、表7-5),按SO_4^{2-}浓度划分的水质等级明显变差,2003年研究区的SO_4^{2-}浓度范围符合地下水质量标准中的Ⅰ类和Ⅱ类标准,且全部属于一级生活饮用水,但2006年出现了Ⅲ类水质,且部分地区地下水不符合一、二级生活饮用水标准。

综上所述,研究区地下水水质状况总体较好,大部分指标和地区都符合生活饮用水标准,但是已经出现总硬度升高、矿化度升高等水质恶化的趋势,为研究区地下水水质的保护敲响了警钟,市、县相关部门应意识到这一点并引起重视,及时采取措施,防止水质的进一步恶化。

(2)通过在各分区选择5口典型井对其在1986～1990年、2002～2006年两个时段地下水水位的比较,可以看出,每口井的地下水水位在10年间都有不同程度的下降,其中咸阳市区、兴平市典型井水位降幅最大,这说明研究区地下水水位在该时期内普遍呈下降趋势。此外还可以发现,1986～1990年地下水水位过程线相对平缓,2002～2006年地下水水位过程线波动普遍比1986～1990年段大,这说明自2000年以来,随着研究区工农业生产的发展和人民生活水平的不断提高,用水量增大,对地下水的取用量也较之前大了很多,由此造成对地下水的过度开采,导致地下水水位下降过快,甚至出现大范围降落漏斗。

(3)分1986～1990年、2002～2006年两个时段,计算每个时段各月平均水位,在ArcMap中生成各月地下水水位的TIN表面。分析表明:咸阳市区、兴平市、武功县地下水水位普遍较低,乾县、礼泉县地下水水位相对较高,一方面原因是乾县、礼泉县处于波状黄土台塬区,地势较高,测井地面高程普遍高于咸阳市区—兴平—武功一线,另一方面,则是由于城市生活生产用水量较高、对地下水超采过度而造成地下水水位较低的局面;其次,每个时段中,6～9月可以看到地下水水位的下降较其他各月明显,这主要是由于此时作物灌溉量增加,夏季天气炎热,取地表水灌溉时蒸发损失较大,对地下水的入渗补给不足,同时要提取地下水对作物进行联合灌溉,导致这一时期地下水水位降幅较大;此外,2002～2006年段南北交界一线范围明显扩大,对比得知这里的地下水水位较1986～1990年有所下降,总体来看,10余年来,中、低水位区域范围有所扩大,这也说明了在此期间地下水水位的总体下降趋势。

(4)通过计算27口监测井1986～1990年、2002～2006年两时段逐旬地下水水位过程线分维数和8口监测井1986～1990年、1991～2000年、2002～2006年三时段逐旬地下水水位过程线分维数,得知研究区地下水水位分维数较小,值域为 1~1.1,说明研究区地下水水位过程线较为平缓,波动较小,各井两时段的分维数趋势大致相同,但 2002~2006 年的分维数变化在某些地区(武功、兴平)和井位明显大于 1986~1990 年,说明这些地区 2002~2006 年的地下水水位变幅较 1986~1990 年大,涨落频繁,导致了分维数波动幅度的增大。

(5)按照研究区的地貌特点将其分为南、北两部分分别进行分维数趋势的分析,可以得知,沿着地质剖面一线选取典型井,其分维数变化趋势是一致的,虽然变动幅度有所差异,但总趋势相同,偶有分维数增大的现象;南部地下水水位分维数变化大于北部,即南部地下水水位变动幅度和波动程度大于北部,这是因为南部咸阳市区、武功、兴平工农业较发达,人口密度较大,近年来由于用水量的上升对地下水的开采加剧,导致地下水水位的变动较为剧烈而使分维数相应增大。

(6)在具有 20 世纪 90 年代资料的 8 口监测井中,选取其中 1986~2006 年资料完整的 6 口监测井分别作三时段地下水水位分维数的变化趋势,结果表明,多数井的分维数在 1986~2006 年间几乎无变化,反映了地下水水位变动程度相对平缓的事实,少数井有分维数突增的情况,是由于中间某一时期地下水水位突然波动剧烈导致的,其原因可能是降水或地表水供应不足,而用水量又随着研究区经济的发展和人民生活的需要不断增加,从而加大对地下水的取用,导致地下水水位涨落频繁,波动较大。

(7)选取 1986~1990 年、1991~2000 年、2002~2006 年研究区降水量资料,计算各时段各区逐旬降水量过程线的分维数,可知研究区各分区降水量的分维数基本呈现下降趋势,只有咸阳市区的降水量分维数增大,通过与咸阳市 1986~1990 年和 2002~2006 年两时段逐旬降水量过程线图(见图 9-2 和图 9-3)进行对照,可以发现 2002~2006 年降水量过程线相比之下更加复杂,其降水量的波动加剧和降水过程的复杂程度增加决定了分维数增大的结果。

研究区 1991~2000 年分维数比前后时段的分维数都小,这是由于序列的长度增加,计算过程线分维数时就要从过程线整体考虑,相应地适当忽略降水量过程的年内变化,一些较小的波动被弱化甚至忽略不计,这样过程线的复杂程度便随着序列长度的增加不断地被弱化,因此长期序列的分维数值就比短期要小一些。

1986~1990 年各分区降水量分维数普遍大于 2002~2006 年,说明 1986~1990 年降水过程普遍比 2002~2006 年复杂(咸阳市区例外);各分区中,兴平市的降水量分维数偏小,而乾县、武功县的降水量分维数偏大,由于研究区整体地理位置相同,地形西北高、东南低,气候相同,气温相近,降水量的特点也都是季节性较强、年际变化较大、雨热同季,年平均降水量基本相近,乾县、武功县由于位于渭北黄土台塬区,可能存在降水年内分布不均现象较为突出的情况。因此,分析研究区降水量分维数的差异是由自然条件(主要是地形地貌条件)决定的,与其降水年内分布不均有关。

(8)通过比较各分区降水量分维数与地下水水位分维数的趋势发现,虽然降水量是影响地下水水位变动的因素之一,但降水量的分维数对地下水水位分维数基本不构成影响。

10.4　地下水分形特征研究存在问题及建议

10.4.1　存在问题

由于作者学识水平的限制和一些客观条件的制约,研究中还存在一些遗憾和不足。

(1)在地下水水质分析方面,只对地下水监测资料中的一些常规离子和常规指标进行了分析,而没有提取监测井水样进行污染指标测定。经实地考察,研究区监测井分布广泛,位置隐蔽,难以寻找;且管理严格,个人不能随便提取监测井水样,经与有关部门沟通失败,未能提取水样进行试验。若能够获得污染物指标浓度,对于研究区地下水的水质状况将能够进行更加全面的分析和评定,结果的说服力也将更强。

(2)使用 IDW 插值法绘制水质指标分布图和用 TIN 绘制地下水水位表面分布图时,由于 ArcGIS 软件不允许对每个指标分类的最大值及最小值进行改动,难以采用统一的值域对指标值进行分类并制图,使横向比较只能人工进行,精度和准度都有所降低。在进一步的研究中希望能够攻克这一难题。

(3)研究所使用的原始资料来自陕西省地下水管理监测局编制的《陕西省地下水监测资料》,早期对于监测井的管理不是非常规范,早期有时还要提取监测井的地下水对作物进行灌溉,对于提水灌溉导致的地下水水位大幅波动在我国地下水监测规范中属于动水位,原则上不能参与统计;有时地下水水位因暴雨停测或因故缺测,也导致资料连续性不好,地下水监测规范中仅允许在每月缺测一次且缺测前后均有不少于连续 3 个监测数值的情况下插补,但缺测资料远不止这些,在研究中为保证资料连续,只能硬性按趋势插补,不一定能够反映出监测井的真实水位变动。近年来陕西省地下水管理监测局规范了监测井的管理,基本做到了专井专用,资料连续性有了较大改观。

10.4.2　建议

　　虽然研究结果表明,研究区地下水水质状况总体较好,大部分指标和地区都符合生活饮用水标准,但是已经出现总硬度升高、矿化度升高等水质恶化的趋势,为研究区地下水水质的保护敲响了警钟,市、县相关部门应意识到这一点并引起重视,加大监管力度,切实控制企业超标排污并加大污水处理的投入,防止水质的进一步恶化。

　　随着研究区工农业生产的发展和人民生活水平的不断提高,用水量增大,对地下水的取用量也较之前迅速增加,由此造成对地下水的过度开采,导致地下水水位下降过快,甚至出现大范围降落漏斗。咸阳市政府为此采取了关闭部分自备井、引进石头河水库的水等措施来遏制地下水水位的迅速下降,但由于生产生活用水量还在继续增加,水量供不应求,起到的效果并不是特别明显,建议研究区政府继续加大力度,扩大地表水和地下水联合调度的范围,优化地下水的补排关系,防止降落漏斗进一步扩大,从而遏制水质恶化、地面沉降、地裂缝等环境地质问题进一步恶化,保障人民的饮水安全和身体健康,防止地面沉降等问题危及人民的居住安全。

参 考 文 献

[1] 白花琴,王成雄,钟庆莲. 长滩河把水寺站径流插补延长方法分析[J]. 东北水利水电,
2009(8):31-33.

[2] 晁晓波,赵文谦,邱大洪. 表面分形原理在研究泥沙吸附乳化油特征中的应用[J]. 水利
学报,1997(9):1-5.

[3] 陈广才,谢平. 水文变异的滑动 F 识别与检验方法[J]. 水文,2006,26(2):57-60.

[4] 陈鸿文,刘柳,林文安. 滑动 F 识别法在水文系列一致性分析中的应用[J]. 广东水利水
电,2009,2(2):38-40

[5] 陈腊娇, 冯利华. 马莲河流域日径流过程分维与土壤侵蚀关系初探[J]. 西北林学院学
报,2006,21(5): 11-13.

[6] 陈望春. 水文资料分析预测初探[J]. 中国水运,2007,5(10):73-74.

[7] 陈颙,陈凌. 分形几何学[M]. 2 版. 北京:地震出版社, 2005.

[8] 陈予恕. 非线性动力学中现代分析方法[M].北京:科学出版社,1992.

[9] 丁晶,邓育仁,傅军. 探索水文现象变化的新途径——混沌分析[J]. 水利学报(增刊):
1997b:242-246.

[10] 丁晶,侯玉. 随机模型估算分期洪水的初探[J].成都科技大学学报,1988(5):93-98.

[11] 丁晶,刘国东.日流量过程分维估计[J].四川水利发电,1999,18(4):74-76.

[12] 丁晶,赵永龙,邓育仁. 年最大洪峰序列统计混沌性的初步研究[J]. 水利学报,1997a
(10):66-71.

[13] 董连科. 分形理论及其运用[M].沈阳:辽宁科学技术出版社,1990.

[14] 凡炳文,牟燕红,邱文俊. 洮河流域径流时间序列一致性及变异研究[J].水文,2008,28
(3):70-73.

[15] 范守伟,孙显利,张晓慧. 利用差积曲线进行降雨的系列代表性分析[J].山东水利,
2002(2):45-47.

[16] 方崇惠,雒文生. 分形理论在洪水分期研究中的应用[J].水利水电科技进展,2005,25
(6):9-13.

[17] 冯利华,许晓路. 金瞿盆地旱涝统计特征初步分析[J].水科学进展,1999,10(1):
84-88.

[18] 冯平,冯炎. 河流形态特征的分维计算方法[J]. 地理学报,1993,52(4):324-330.

[19] 冯平,王仁超. 水文干旱的时间分形特征探讨[J].水利水电技术,1997,28(11):48-51.

[20] 付立华. 分形方法分析和预测月平均海面水温[J].海洋预报,1995,12(1):49-54.

[21] 傅军,丁晶,邓育仁. 嘉陵江流域形态及流量过程分维[J].成都科技大学学报,
1995,82(1):74-80.

[22] 傅军,丁晶,邓育仁. 洪水混沌特性初步研究[J].水科学进展,1996,7(3):226-229.

[23] 高旭,徐永安,张牧. 分形曲线曲面在三维地貌中的应用[J]. 河海大学学报,

1996,24(6):83-87.

[24] 高治定,张尧旺,雷鸣,等. 月径流相关法插补径流系列的实践与讨论[J]. 人民黄河,2005,27(9):30-31.

[25] 洪时中,洪时明. 地学领域中的分维研究:水系、地震及其他[J]. 大自然探索,1988,7(2).

[26] 侯玉,吴伯贤,邓国权. 分形理论用于洪水分期的初步探讨[J]. 水科学进展,1999,10(2):140-143.

[27] 胡迪鹤,刘禄勤,肖益民. 随机分形[J]. 数学进展,1995,24(3):193.

[28] 华家鹏,林芸. 水文辗转相关插补延长研究[J]. 河海大学学报:自然科学版,2003,31(5):494-496.

[29] 贾仰文,王浩,严登华.黑河流域水循环系统的分布式模拟(Ⅰ)——模型开发与验证[J].水利学报,2006(5):534-542.

[30] 金保明.建阳站汛期日平均流量过程分形维数估算[C]//福建省第十二届水利水电青年学术交流会论文集,2008:73-76.

[31] 金德生,陈浩,郭庆伍. 河道纵剖面分形 - 非线性形态特征[J]. 地理学报,1993,52(2):154-161.

[32] 雷鸣,宋伟华,张世强.缺资料地区设计径流插补方法对比分析研究[J].甘肃科技,2006,22(4):115-117.

[33] 李凡华,刘慈群,宋伏权. 分形在油气田开发中的应用[J]. 力学进展,1998,28(1):101-110.

[34] 李红良,王玉明,蒋秀华. 1919～1951年黄河水文资料插补延长计算成果分析评价[J].华北水利水电学院学报,2003,24(1):9-12.

[35] 李后强,艾南山. 分形地貌学及地貌发育的分形模型[J]. 自然杂志,1992(7):516-519.

[36] 李满刚.水文系列随机插补的初步探讨[J]. 山西水利科技,1999(3):59-60.

[37] 李贤彬.子波分析及其在水文水资源研究中的应用[D]. 成都:四川大学,1999.

[38] 李晓远,刘淑清. 天然年径流系列一致性的分析方法及实例验证[J]. 吉林水利,2006,12(12):4-5.

[39] 刘昌明.21世纪水文研究展望:若干前沿与重点课题[C]//刘昌明.中国地理学会水文专业委员会第六次全国水文学术会议论文集.北京:科学出版社,1997.

[40] 刘德平.分形理论在水文过程形态特征分析中的应用[J].水利学报,1998(2):20-25.

[41] 刘光文.水文系列的插补展延[J].水文,1991(1):1-13.

[42] 刘式达,刘式适. 非线性动力学和复杂现象[M].北京:气象出版社,1989.

[43] 刘式达,刘式适. 分形和分维引论[M].北京:气象出版社,1995.

[44] 刘小平,赖剑煌,张智斌. 基于小波子带图像的人脸光照归一化方法[J].中山大学学报:自然科学版,2007,46(5):25-28.

[45] 刘志辉. 流域供水管理决策支持系统总体设计[J]. 干旱区地理,2000,23(3):259-263.

[46] 卢玲,程国栋.VRML技术在黑河水资源决策支持系统中的应用[J].遥感技术与运用,

1999,14(2):15-20.

[47] 陆夷. 位势理论在计算豪斯道夫维数中的应用[J]. 广东机械学院学报,1995,13(2):28.

[48] 罗文锋,李后强,丁晶,等. Horton 定律及分枝网络结构的分形描述[J]. 水科学进展,1998,9(2):118-123.

[49] 彭成彬,陈颙. 地震中的分形结构[J]. 中国地震,1989,5(2):19-26.

[50] 彭赤彬. 湖南省年降水及径流水文系列代表性研究[J]. 湖南水利水电,2002(4):24-25.

[51] 屈世显,张建华. 复杂系统的分形理论与应用[M]. 西安:陕西人民出版社,1996:10-17.

[52] 冉四清,徐霞晴. 水文资料实行校审、编印分工制度的可靠性分析及错误率预测[J]. 中国水运,2007,5(5):52-53.

[53] 史卫东. 水文资料系列的一致性分析[J]. 甘肃水利水电技术,2001,37(1):22-26.

[54] 水利电力部. 水利水电工程设计洪水计算规范 SDJ - 22 - 79(试行)[S]. 北京:水利出版社,1980.

[55] 宋寿鹏,阙沛文. 基于归一化尺度计盒维数的超声分形特征研究[J]. 应用基础与工程科学学报,2006,14(1):121-128.

[56] 孙晓梅,刘伟. 浅谈西部平原区径流量插补的几种方法[J]. 吉林水利,2003,(9):21-22.

[57] 同登科,陈钦雷. 分形油藏渗流问题的精确解及动态特征[J]. 水动力学研究与进展,1999,14(2):201-209.

[58] 汪富泉. 泥沙运动及河床演变的分形特征与自组织规律研究[D]. 成都:四川大学,1999.

[59] 王碧泉,杨锦英,王玉秀. 自相似地震活动特征的提取[J]. 地震研究,1988,11(3):241-248.

[60] 王东华,蒋景瞳,刘思汉,等. 国家基础地理信息系统辅助南水北调西线工程规划设计[J]. 遥感信息,1995(3):2-6.

[61] 王锦生. 中国的水文资料整编[J]. 水文,1994(3):61-64.

[62] 王礼先,张志强. 干旱地区森林对流域径流的影响[J]. 自然资源学报,2001,16(5):439-444.

[63] 王玲,朱传保. 人工神经网络用于水文资料的插补延长[J]. 东北师大学报:自然科学版,2002,34(2):105-200.

[64] 王先梅,王宏,王粉花. 基于归一化背景方向特征的脱机手写汉字识别[J]. 计算机工程与应用, 2007,3(30):190-192.

[65] 王协康,方铎,姚令侃. 非均匀沙床面粗糙度的分形特征[J]. 水利学报,1999(7):70-74.

[66] 渭河网. 渭河概况. http://www. weihe. gov. cn[2010 - 03 - 01]

[67] 王黎明,陈颖,杨楠. 应用回归分析[M]. 上海:复旦大学出版社,2008.

[68] 魏诺. 非线性科学基础与应用[M]. 北京科学出版社,2004.

[69] 魏文秋,于建营. 地理信息系统在水文学和水资源管理中的应用[J]. 水科学进展,1997,(3):296-300.

［70］吴信才.地理信息系统原理与方法［M］.北京:电子工业出版社,2002.

［71］吴媛,刘国东,余姝萍,等.人工神经网络在水文资料插补延长中的应用［J］.贵州地质,2005,22(3):210-213.

［72］肖汉光,蔡从中.特征向量的归一化比较性研究［J］.计算机工程与应用,2009,45(22):117-119.

［73］谢和平,等.分形几何—数学基础与应用［M］.重庆:重庆大学出版社,1991.

［74］徐永福,孙婉莹,吴正根.我国膨胀土的分形结构的研究［J］.河海大学学报,1997,25(1):18-23.

［75］徐永福,田美存.土的分形微结构［J］.水利水电科技进展,1996,16(1):25-29.

［76］杨远东.水文水资源插补延长系列的计算方法［J］.水资源研究,2008,29(1):13-15.

［77］姚令侃,方铎.非均匀自组织临界性及其应用研究［J］.水利学报,1997(3):26-32.

［78］余姝萍,刘国东,吴媛.岷江上游日径流过程分维分析及其生态脆弱性表征［J］.西南民族大学学报,2005(1):79-84.

［79］Falconer K J.分形几何——数学基础及其应用［M］.曾文曲,刘世耀,戴连贵,等译.沈阳:东北大学出版社,1991.

［80］曾文曲.分形理论与分形的计算机模拟(修订版)［M］.沈阳:东北大学出版社,2001.

［81］张济忠.分形［M］.北京:清华大学出版社,1995.

［82］张勇,詹道润,秦鸿儒.陕北黄土高原地区坡耕地利用现状分析及合理开发利用对策研究——以国家级生态退耕县为例［J］.水土保持研究,2002,9(1):62-66.

［83］张建云,何惠.应用 GIS 进行无资料地区流域水文模拟研究［J］.水科学进展,1998(4):345-350.

［84］张世军,朱玉萍,刘振西.水文资料的应用及可靠性识别［C］∥何根寿.全国水文泥沙文选——中国水力发电工程学会水文泥沙专业委员会第七届学术讨论会.成都:四川科学技术出版社,2007.

［85］赵凯华,朱照宣,黄昀.非线性物理导论.北京大学非线性科学中心:北大非线性科学学习班讲义,1992.

［86］赵永龙,丁晶,邓育仁.混沌分析在水文预测中的应用和展望［J］.水科学进展,1998,9(2):181-186.

［87］郑丙辉,刘宁.GIS 支持下的流域面源污染研究［C］∥中国地理信息系统协会首届年会论文集.北京:中国地理信息系统协会,1995.

［88］朱晓华,王建.长期降水的分形性质研究［J］.水文水资源,1999,70(3):39-41.

［89］朱济成.我国地下水资源开发利用及其存在的问题.http://www.bjkp.gov.cn/bjkpzc/kjqy/hjkx/122425.shtml［2010-04-14］

［90］高而坤.水利部水资源管理司长高而坤在地下水开发利用与保护规划工作会议上的讲话.http://www.shuiziyuan.mwr.gov.cn/viewPubPage/frm_det.aspx?CNM=%C1%EC%B5%BC%BD%B2%BB%B0&CID=1&ID=1409［2009-07-20］

［91］国土资源部.2008.全国地质勘查规划解读.http://www.mysteel.com/ll/rddd/2008/

04/10/075828,0,0,1778013.html[2009 - 07 - 20]

[92] 陈益娥. 咸阳市水资源与可持续发展[J].科技情报开发与经济,2006,16(4):99-101.

[93] 李毅,王文焰.农业土壤和水资源研究中的分形理论[J].西北水资源与水工程,2000,
11(4):12-17.

[94] 孙博文.分形算法与程序设计——Delphi 实现[M].北京:科学出版社,2004.

[95] 刘德平.分形理论在水文过程形态特征分析中的应用[J].水利学报,1998(2):20-25.

[96] 李贤彬,丁晶,李后强.水文时间序列的子波分析法[J].水科学进展,1999,10(2):144-
149.

[97] 丁晶,刘国东.日流量过程分维估计[J].四川水力发电,1999,18(4):74-100.

[98] 余姝萍,刘国东,吴媛,等.岷江上游日径流过程分维分析及其生态脆弱性表征[J].西
南民族大学学报,2005,31(1):79-84.

[99] 陈腊娇,冯利华.基于 AutoCAD 日径流过程的分维计算和分析[J].长江科学院院报,
2006,23(6):99-102.

[100] 王文圣,向红莲,赵东.水文序列分形维数估计的小波方法[J].四川大学学报:工程
科学版,2005,37(1):1-4.

[101] 傅军,丁晶,邓育仁.嘉陵江流域形态及流量过程分维研究[J].成都科技大学学报,
1995(1):74-80.

[102] 吴秀芹,张洪岩,李瑞改,等.ArcGIS 9 地理信息系统应用与实践[M].北京:清华大学
出版社,2007.

[103] 佟玲.西北干旱内陆区石羊河流域农业耗水对变化环境响应的研究[D].[博士学位
论文].杨凌:西北农林科技大学,2007.

[104] 李斌.过度开采地下水咸阳形成4“大漏斗”超城区面积.http://news.hsw.cn/system/
2009/11/16/050361393.shtml[2010 - 04 - 16]

[105] 兴平县志.兴平的气候特征.http://xingping.678114.com/Html/zhengfu/gaikuang/
20081002A74D6128.htm[2010 - 04 - 05]

[106] 武功政府网.水文气候.http://www.snwugong.gov.cn/Html/zjwg/wggl/20070511130000.
html[2010 - 04 - 05]

[107] 百度百科.礼泉县.http://baike.baidu.com/view/251298.htm? fr = ala0_1_1[2010 -
04 - 05]

[108] 百度百科.乾县.http://baike.baidu.com/view/91509.htm? fr = ala0_1_1[2010 - 04 -
05]

[109] 百度百科.渭城区.http://baike.baidu.com/view/91653.htm[2010 - 04 - 05]

[110] 苏里坦,宋郁东,张展翔.天山北麓地下水与自然植被的空间变异及其分形特征[J].
山地学报,2005a, 23(1):14-20.

[111] 苏里坦,宋郁东,张展翔.新疆三工河流域地下水矿化度的时空变异及其分形特征
[J].地质科技情报,2005b, 24(1):85-90.

[112] 赵新宇,费良军.LM 算法的神经网络在灌区地下水位预测中的应用研究[J].沈阳农

业大学学报,2006,37(2):213-216.

[113] 李丹,郝振纯,薛联青. 区域地下水位的灰色-BP神经网络预测模型[J]. 中国科技论文在线,2006,1(2):146-149.

[114] 王文圣,廖杰,丁晶. 浅层地下水位预测的小波网络模型[J]. 土木工程学报,2004,37(12):62-66.

[115] 赵文举,马孝义,李军利,等. 灰色时序组合模型及其在地下水埋深预测中的应用[J]. 数学的实践与认识,2008,38(18):70-76

[116] 刘志国,王恩德,付建飞,等. 河北平原地下水水位的时空变异[J]. 东北大学学报:自然科学版,2007,28(5):717-720.

[117] 周绪,刘志辉,戴维,等. 干旱区地下水位降幅空间分布特性研究[J]. 地理空间信息,2006a,4(3):18-20.

[118] 王卫光,薛绪掌,耿伟. 河套灌区地下水位的空间变异性及其克里金估值[J]. 灌溉排水学报,2007,26(1):18-21.

[119] 周绪,刘志辉,戴维,等. 干旱区地下水位降幅对天然植被衰退过程的影响分析——以新疆鄯善南部绿洲群为例[J]. 水土保持研究,2006b,13(3):143-145.

[120] 陈海生,曹瑛杰. 基于地统计和GIS的河南省降水量和蒸发量空间变异性分析[J]. 河南大学学报:自然科学版,2008,38(2):160-165.

[121] 李新波,郝晋珉,胡克林,等. 集约化农业生产区浅层地下水埋深的时空变异规律[J]. 农业工程学报,2008,24(4):95-98.

[122] 李凤全,林年丰. 神经网络和地理信息系统耦合方法在地下水水质评价中的应用[J]. 长春科技大学学报,2001,31(1):50-53.

[123] 姜哲,傅春. GIS技术在长春市地下水水质评价中的应用[J]. 地下水,2006,28(6):34-36.

[124] 刘明柱,陈艳丽,胡丽琴,等.地下水资源评价模型与GIS的集成及其应用研究[J]. 地学前缘,2005,12(特刊):127-131.

[125] 姜亚莉,关泽群,郑彩霞. GIS空间分析在水质污染监测中的应用[J]. 地理空间信息,2004,2(3):32-33.

[126] 耿庆斋,张行南,郭亨波,等. 地理信息系统与一维水质模型的集成开发[J]. 环境科学与技术,2003,26(增刊):35-110.

[127] 贾海峰,程声通,杜文涛. GIS与地表水水质模型WAPS 5的集成[J]. 清华大学学报,2001,41(8):125-128.

[128] 马蔚纯,张超. 基于GIS的水质数值模拟——以上海市苏州河为例[J]. 地理学报,1998,53(增刊):66-75.

[129] 秦昆,万幼川,关泽群,等. 江河流域水污染防治规划GIS系统研究[J]. 信息技术,2001(12):25-28.

[130] 张行南,耿庆斋,逢勇. 水质模型与地理信息系统的集成研究[J]. 水利学报,2004(1):90-94.

[131] 臧永强,崔希民,龚建华. 水质模型与 GIS 的集成研究与应用[J]. 矿山测量,2007 (2):60-63.

[132] 陈钢,刘喜梅.巨额污水处理厂闲置 渭河两岸污染企业越关越多. http://www. people. com. cn/GB/huanbao/1073/2996819. html[2010 – 05 – 08]

[133] Anbazhagan S, Archana M. Nair. Geographic Information System and groundwater quality mapping in Panvel Basin, Maharashtra, India[J]. Environmental Geology,2004,45(6): 753-761.

[134] Anjana Sahay, Charlla Adams. Analysis of Nitrate and Atrazine Impacts on Groundwater Using GIS. http://training. esri. com/campus/library/Bibliography/RecordDetail. cfm? ID = 83240[2010 – 05 – 07].

[135] Bates B C , Rahman A, Mein R G, et al. Climatec and Physical factors that influence the homogeneity of regional floods in southeastern Australia[J]. Water Resour Res, 1998,34 (12):3369-3381.

[136] Barbera L, Rosso R. On fractal geometry of river networks[J]. Water Resour. Res,1989, 25(4):735-741.

[137] Crassberger P, Procaccea I. Characterization of strange attractors[J]. Phys Rev Lett,1983, 50(5):346-349.

[138] Celalettin Simsek, Orhan Gunduz. IWQ index: a GIS – integrated technique to assess irrigation water quality[J]. Environmental Monitoring and Assessment,2007,128(1 – 3):277-300.

[139] Dietler D, Zhang Y. Fractal aspects of the swiss landscape[J]. Physiea,1992,191:213-219.

[140] Deng Guantie. Dimension of the Fractal Curve in Plane and Its Derivative of the Fractional Order[J]. Northeast. Math. J,1995,11(2):236-240.

[141] Gupta V K,Waymire E. Multi – scaling properties of spatial rainfall and river flow distributions[J]. J Geophys Res, 1990,95(3):1999-2009.

[142] Gupta V K. Statistical self – similarity in river networks Parameterized by elevation[J]. Water Resources Bulletin, 1989,25(3).

[143] Hosking J R M. Modeling persistence in hydrological time series using fractional differencing [J]. Water Resour Res,1984,20(12):1898-1908.

[144] Hyo – Taek Chon, Hong – Il Ahn. Assessment of groundwater contamination using geographic informationsystems[J]. Environmental Geochemistry & Health,1999,21(3):273.

[145] In Soo Lee. Water Quality Management System at Mok – hyun Stream Watershed Using GIS. 1999.

[146] Lovejoy S,Schertzer D, Tsonis A A. Functionai box – counting and multiple elliptical dimensions in rain[J]. Science,1987,235:1036-1038.

[147] Mandelbrot B B. Fractal:form,chance and dimension. SanFrancisco:Freeman. 1977.

[148] Montanari A , Rosso R,Taqqu M S. Fractionally differenced ARIMA models applied To

hydrologic time series: identification, estimation, and simulation[J]. Water Resour Res, 1997,33(5):1035-1044.

[149] Mckerhar A I, Ibbitt R P, Brown S L R,et al. Data for Ashley river to rest channel network and river basin heterogeneity concepts[J]. Water Resour Res,1998,34(1):139-142.

[150] Nikora V I. Fractal structures of river plan forms[J]. Water Resour Res,1991,27(6): 1327-1333.

[151] Olsson J, Niemczynowics J,Berndtsson R. Fractal analysis of high – resolution rainfall time serials[J]. J Geophys Res,1993,98 (12):23265-23274.

[152] Rakad Ta'any, Alaeddin Tahboub, Ghazi Saffarini. Geostatistical analysis of spatiotemporal variability of groundwater level fluctuations in Amman – Zarqa basin, Jordan: a case study [J]. Environmental Geology,2009,57(3):525-535.

[153] Robison J S,Sivapalan M. An investigation into the Physical causes of scaling and Heterogeneity of regional flood frequency[J]. Water Resour Res,1997,33(5):1045-1059.

[154] Rodriguez Iturbe I, Rinaldo A. Fractal river basins – Change and self – organization[M]. England:Cambridge University Press. 1997.

[155] Rodriguez Iturbe I, Marani M, Rigon R,et al. Self – organized river basin landscapes:fractal and multifractal characteristics[J]. Water Resour Res, 1994,30(12):3531-3539.

[156] Shu – chen Lin. Chang – ling Liu, Tzong – yeang Lee. Fractality of rainfall:identification of temporal scaling law[J]. Fractals,1999,7(2):123-131.

[157] Saro Lee, Eun Gyu Park, Seung – Gy Lee, et al. Developing the Groundwater Modeling Technique for Groundwater Pollution Assessment Using GIS. http://training. esri. com/campus/library/Bibliography/RecordDetail. cfm? ID = 6447[2009 – 08 – 05].

[158] Seyed Hamid Ahmadi, Abbas Sedghamiz. Geostatistical Analysis of Spatial and Temporal Variations of Groundwater Level[J]. Environmental Monitoring & Assessment,2007,129 (1 – 3):277-294.

[159] Sivakumar B. A preliminary investigation on the scaling behaviour of rainfall observed in two different climates[J]. Hydrological Sciences – Journal – des Sciences Hdrologiques,2000, 45(2):203-219.

[160] Tarboton D G,Bras R L, Rodriguez Iturbe I. The fractal nature of river networks[J]. Water Resour Res, 1989,24(8):1317-1322.

[161] Tayfun Cay, Mevlut Uyan. Spatial and Temporal Groundwater Level Variation Geostatistical Modeling in the City of Konya, Turkey[J]. Water Environment Research: A Research Publication of the Water Environment Federation,2009,81(12):2460-2470.

致　谢

　　本书的研究和撰写工作是在编写组全体成员共同努力下完成的，也和众多专家、老师们的帮助分不开，特别是美国农业部（USDA）土壤耕作实验室 Mark Tomer 博士和 David James 博士，中国科学院南京土壤研究所夏永秋老师、陕西省地下水管理监测局高志和李明工程师，以及西北农林科技大学水利与建筑工程学院李靖教授、刘俊民教授、宋松柏教授、粟晓玲教授都为研究提供了方法和资料方面的启迪与帮助。在此对他们致以最深切的感谢！

作　者

2011 年 8 月